图解建筑设计入门

[日] 原口秀昭 著

潘琳 译

U0283910

江苏凤凰科学技术出版社

南京

江苏省版权局著作权合同登记号　图字：10-2019-150

Japanese title: Zerokarahajimeru"Kenchiku Keikaku" Nyuumon by Hideaki Haraguchi
Copyright©2016 by Hideaki Haraguchi
Original Japanese edition published by SHOKOKUSHA Publishing Co., Ltd.,Tokyo,Japan

图书在版编目 (CIP) 数据

图解建筑设计入门 / (日) 原口秀昭著；潘琳译 .
— 南京：江苏凤凰科学技术出版社，2020.11（2022.5 重印）
　ISBN 978-7-5713-1484-2

　Ⅰ . ①图… Ⅱ . ①原… ②潘… Ⅲ . ①建筑设计—基
本知识Ⅳ . ① TU2

中国版本图书馆 CIP 数据核字 (2020) 第 199837 号

图解建筑设计入门

著　　　者	［日本］原口秀昭
译　　　者	潘　琳
项 目 策 划	凤凰空间 / 杨　易
责 任 编 辑	刘屹立　赵　研
特 约 编 辑	杨　易

出 版 发 行	江苏凤凰科学技术出版社
出版社地址	南京市湖南路 1 号 A 楼　邮编：210009
出版社网址	http://www.pspress.cn
总 经 销	天津凤凰空间文化传媒有限公司
总经销网址	http://www.ifengspace.cn
印　　　刷	河北京平诚乾印刷有限公司

开　　　本	889mm×1194mm　1/32
印　　　张	9.5
字　　　数	281 000
版　　　次	2020 年 11 月第 1 版
印　　　次	2022 年 5 月第 3 次印刷

标 准 书 号	ISBN 978-7-5713-1484-2
定　　　价	68.00 元

图书如有印装质量问题，可随时向销售部调换（电话：022-87893668）。

前言

学生时代，承蒙建筑规划学大师铃木成文（1927— 2010 年）教导时，笔者却在课堂上瞌睡或偷懒。现在回想起来，实在是太可惜了。当初只是个觉得"在制图室里绘图是最轻松的"无可救药的学生。结果，笔者系统地学习规划学还是在准备建筑师考试的时候。

本书基于考试和实务经验，在内容上下了很多功夫。无论是住宅、酒店还是办公楼等，都由使用者来决定尺寸和面积，这是建筑规划根本中的根本。在设计过程中，虽然可随时查阅资料和产品目录等，但先记住一些基本的尺寸、面积、面积比等，是提高设计能力的关键。因为设计由许多小的尺寸、小的面积汇集而成的部分相当多，所以本书以尺寸和面积作为开始。

尺寸部分包括生活中和人体相关的尺寸，乃至汽车和建筑物整体的大尺寸。建筑师考试中经常出现，而且在设计实务中很重要的轮椅使用者和高龄者相关的尺寸也列为重点，建筑的个别种类、不同建筑物类型的规划则放在后面的章节。先记住能很快应用在设计上的重要尺寸和面积吧。

规划学的教科书里，与建筑设计没有直接关系的尺寸和类型等的抽象说明很多，让人很难理解如何在实际建筑上加以应用。因此，书中列举了与规划的重要事项相关的巨匠之作，包括勒·柯布西耶（Le Corbusier）、密斯（Ludwig Mies Van der Rohe）、路易斯·康（Louis Isadore Kahn）等。通过介绍这些优秀的建筑设计作品，希望设计领域的读者们也能对本书产生兴趣。

只有建筑图纸太显枯燥，所以书中加入了许多漫画。笔者认为建筑图书无趣是因为没有人物角色。这些内容原本发表在博客（http://plaza.rakuten.co.jp/mikao/）上，每天更新一页，让学生阅读。如果没有漫画，学生根本连看都不看。后来将博客上的原稿整理修正，集结成书，就是"图解入门"系列丛书。本书是第 13 册。由于漫画直观易懂，因此该系列中多本在韩国、中国大陆及台湾地区翻译出版。

本书的章节结构是从各种尺寸、各种面积、面积比开始，接下来是不同功能的规划、城市规划等，由小到大推进叙述。书中所列问题是日本一级、二级建筑师考试的题目，以及笔者补充说明的基本问题。本书可作为建筑规划的自学用书，也可作为日本建筑师考试的参考资料。书中每页只需 3 分钟，大概是拳击比赛 1 个回合时间的阅读量。本书最后总结了重要事项，只要反复阅读这部分，就能够提高基础能力。

大学时代的恩师，已故的铃木博之先生一直鼓励我创作图画丰富、建筑领域的书籍。笔者的书桌前贴着铃木老师寄来的明信片。笔者能够一直有毅力地工作至今，铃木老师的鼓励是最主要的原因。今后笔者仍会笔耕不辍，希望能对读者们的学习有所帮助。

最后在此万分感谢负责图书策划的中神和彦先生、负责图书编辑工作的彰国社编辑部尾关惠小姐、众多给予教导的专家们、专业书籍及网站的作者们、博客的读者们、一同思考谐音并提出许多基本题目的学生们，以及一直以来支持本系列丛书的所有读者。真的非常感谢大家。

原口秀昭

勒·柯布西耶的 LC2 沙发单椅（grand confort）和 LC4 躺椅（chaise longue）

日本建筑标准法、无障碍空间法（有关促进高龄者、残疾人等行动方便性的法律）、长寿社会对应住宅设计方针、县市条例等，提出了各种各样的尺寸，这些数据多少有些偏差。本书采用的是日本建筑师考试历年考题中的数字，长度单位均统一为厘米（cm）。虽然在设计实务中多采用毫米（mm），但为了能够记忆大量的规划用数字，使用厘米更为便利。在建筑师的考试题中，几乎没有出现过以厘米为单位的小数点以后的数字。

目录

Q 带脚踏的椅子、桌子的高度分别为 40cm、70cm。

A 椅子的座面、桌子的标准高度大约为 40cm、70cm，它们之间有约 30cm 的高差。有了这约 30cm 的高差，就能够工作或者用餐了（答案正确）。

酒吧的吧台高度为 100cm 时，椅子的高度为：

100cm−30cm=70cm。

此时，脚是无法放在地面上的。为了不让脚悬空，可在高度 30cm（70cm−40cm）处设置脚踏，与椅子座面的高度差是 40cm。请记住基本的 40cm、70cm，差值是 30cm，这些尺寸也适用于较高的吧台。

只要有 30cm 的高差就可以哦！

高度
100cm
30cm
70cm
40cm
30cm

1

尺寸

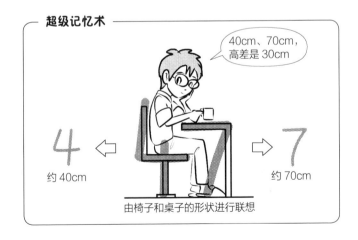

超级记忆术

40cm、70cm，高差是 30cm

4 ←
约 40cm

⇒ 7
约 70cm

由椅子和桌子的形状进行联想

Q 在考虑使用轮椅的建筑物规划中，西式卫生间的坐便器到地面的高度是45cm。

A 轮椅的座面高度与椅子的座面高度基本一致，大多数情况下是43cm左右（答案正确）。坐便器的高度、床的高度、浴缸的高度若能统一，使用者在这些物体间移动就变得轻松了。

与椅子的座面高度基本一致！

40cm+α

40~45cm

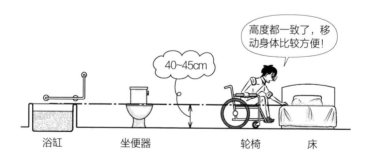

高度都一致了，移动身体比较方便！

40~45cm

浴缸　　　　坐便器　　　　　轮椅　　　床

Q 餐饮店里站着用餐的吧台高度，距地面是 100cm。

A 站着用餐的吧台高度约为 1m（答案正确）。酒吧的吧台通常是做成站着喝酒的高度。站立式吧台的椅子比普通的椅子高（参见 R001）。酒店的服务台也是 1m 左右。

镜子

站着喝酒，
吧台高度为
1m 哦!

高脚椅

坐下时用
的脚踏

约 1m
80~110cm

美式酒吧 [1907 年，维也纳，
阿道夫·路斯（Adolf Loos）]

答案 ▶ 正确

Q 酒吧里规划的吧台内的地面高度比顾客侧地面高度要低。

A 酒吧里站着工作的员工与坐着的顾客的视线高度保持一致，或者顾客的视线最好高一些。为了让顾客的视线高一些，吧台里面的地面比吧台外面低 10~20cm（答案正确）。

答案 ▶ 正确

Q 厨房水槽的高度为 85cm 左右。

A 厨房水槽的高度以 85cm 为中心，很多是 80cm、90cm 等高度的成品（答案正确）。身高不高的人使用时，可以将 80cm 高的成品的底部封板去掉进行调整。水槽的进深约为 65cm。如果水槽的进深在 75cm 以上，那么在煤气灶的里面就有放锅的空间，这样会比较便利。

1

尺寸

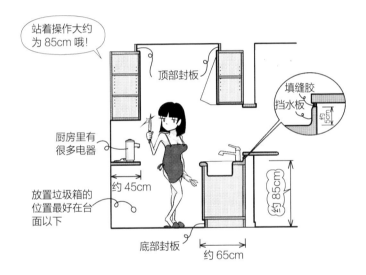

站着操作大约为 85cm 哦!

顶部封板

填缝胶
挡水板
约5cm

厨房里有很多电器

放置垃圾箱的位置最好在台面以下

约45cm

约85cm

底部封板

约65cm

Q 1. 洗漱台的高度为 75cm。

　　2. 洗漱台的洗脸盆之间的距离为 75cm。

A 洗漱台的高度、洗脸盆之间的距离都约为 75cm（1、2 均正确）。这个高度比桌子稍高，比厨房水槽稍低。

超级记忆术

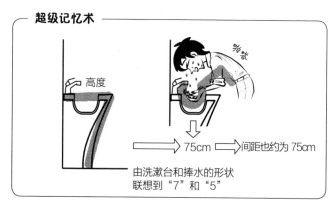

由洗漱台和捧水的形状
联想到"7"和"5"

Q 在考虑使用轮椅的建筑物规划中：
　　1. 厨房操作台的高度为 90cm。
　　2. 在厨房操作台下面，为了能够让膝盖伸进去，设置高度为
　　　　50cm、进深为 30cm 的空间。

....

A 90cm 是站着操作的操作台高度。一般厨房操作台（水槽、料理台）
　　的高度为 85cm 左右（80~90cm），但为了能够坐在轮椅上使用，
　　设定桌子的高度约为 70cm（1 错误）。为了让水槽不碰到膝盖，
　　设计高度约为 75cm。能够伸进膝盖的空间，高度约为 60cm，
　　进深约为 45cm（2 错误）。为了方便站立和坐着使用，也有电动
　　的厨房操作台。

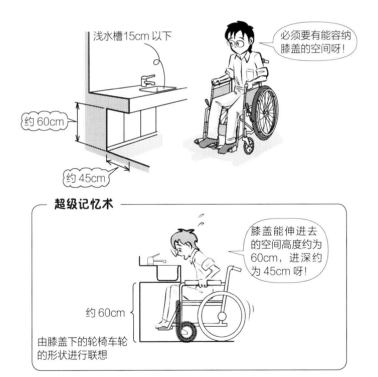

浅水槽15cm 以下

必须要有能容纳膝盖的空间呀！

约 60cm

约 45cm

超级记忆术

膝盖能伸进去的空间高度约为60cm，进深约为45cm 呀！

约 60cm

由膝盖下的轮椅车轮的形状进行联想

....

Q 将轮椅使用者使用的厨房设计成 L 形。

A 在 l 形的厨房中，轮椅横向移动时，需要先旋转再前进。如果只以旋转移动为主，那么使用起来会便利得多。因此，<u>L 形和 U 形</u>的厨房最方便（答案正确）。

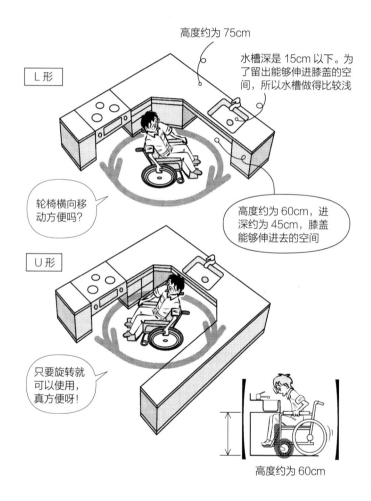

高度约为 75cm

水槽深是 15cm 以下。为了留出能够伸进膝盖的空间，所以水槽做得比较浅

L 形

轮椅横向移动方便吗？

高度约为 60cm，进深约为 45cm，膝盖能够伸进去的空间

U 形

只要旋转就可以使用，真方便呀！

高度约为 60cm

【　】内是超级记忆术

答案 ▶ 正确

Q 轮椅使用者使用的厨房，从轮椅的座面到水槽台面上面固定的餐具收纳柜上端的距离为120cm。

A 水槽台面上安装的收纳柜的高度与伸出尺寸经常令设计者烦恼。为了能让手够到，就要设计得低，但如果收纳柜伸出过大，个子高的人就会碰到头。如果收纳柜底部至地面的高度为130cm，伸出部分大于35cm，就会影响操作。

轮椅使用者能够使用的收纳柜顶部高度约为150cm。然而，坐轮椅时膝盖会碰到水槽台面，在厨房里尽可能不要设计上层收纳柜会更为便利。收纳柜顶部的高度为150cm，轮椅座面的高度为45cm，会形成105cm的高差（答案错误）。

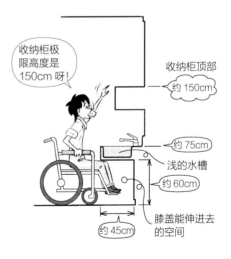

Q 轮椅使用者使用的插座和开关：
　　1. 墙壁上的开关高度，距地面 140cm。
　　2. 墙壁上的插座高度，距地面 40cm。

A 为了让轮椅使用者在轮椅上能够用手够到，要将开关的高度降低、插座的高度提高。对于不使用轮椅的高龄者，为了减少拔插头时蹲下的动作，会把插座的位置设计得高一些。开关的高度为 100~110cm，这是人坐在轮椅上的视线高度，插座的高度在 40cm 左右（1 错误，2 正确）。为了防止插座绊到脚而摔倒，也可以安装磁力插座。

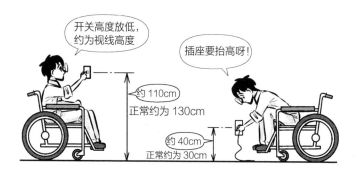

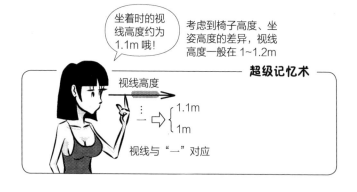

Q 长凳座椅的座面高度为 40cm，进深为 45cm。

A 座椅的座面高度约为 40cm，进深约为 45cm（答案正确）。因为人坐下时，膝盖与身体之间的距离约为 45cm，所以是配合身体的形状。这也与 R007 中膝盖能够伸入的空间进深为 45cm 相呼应。

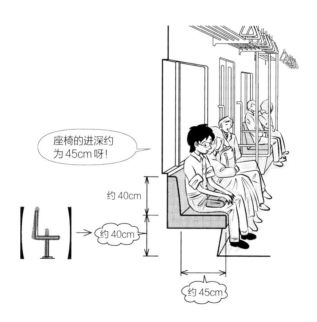

座椅的进深约为 45cm 呀!

约40cm

约40cm

约45cm

【　】内是超级记忆术

答案 ▶ 正确

Q 一人座长凳座椅的宽度为 45cm。

....

A 座面的宽度约为 45cm（答案正确）。日本新干线的普通车厢（译注：日本新干线按座位等级分为普通车厢和绿色车厢。普通车厢的座位大小和脚部空间因车而异，但新干线上的普通座位均十分舒适干净，并提供宽敞的脚部空间。通常一排分为 3 个座位及 2 个座位）的座位宽度约为 45cm，绿色车厢（译注：绿色车厢的座位比普通车厢的座位更大、更舒适，并提供更多的脚部空间。一排有 4 个座位，左右各 2 个座位）的座位宽度约为 50cm。45cm 的正方形构成椅子座面。高度比 45cm 稍低，40cm 左右坐起来更舒适。

....

Q 日本工业标准规定，手动轮椅、电动轮椅的长度在 120cm 以下。

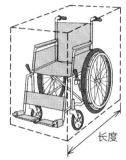

长度

A 日本工业标准（JIS）、国际标准化组织（ISO）均规定（电动）轮椅的长度在 120cm 以下（答案正确）。

实际的产品约为 110cm。这个轮椅的长度，与玄关换鞋位置的进深、轮椅升降平台的进深、电梯的进深等都是有关系的。先请记住轮椅的长度在 120cm 以下吧。

答案 ▶ 正确

1

尺
寸

Q 日本工业标准规定，手动轮椅、电动轮椅的宽度在 70cm 以下，高度在 109cm 以下。

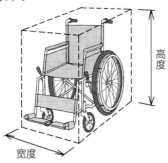

高度

宽度

....

A 轮椅的宽度在 70cm 以下，高度在 109cm 以下（答案正确）。由于手动轮椅多了手轮圈（用手转动的轮框），因此比护理用轮椅要宽。无论是哪种轮椅，宽度多在 60cm 左右。笔者的母亲现在使用轮椅生活，通过门或窄的楼道时，需要注意不碰到胳膊肘。

....

● 测量了笔者的母亲的手动轮椅，宽约 64cm，长约 100cm，高约 85cm。

Q 在考虑使用轮椅的建筑物规划中：

  1. 出入口的有效宽度为 70cm。

  2. 门的下方安装踢脚板。

....

A 规定轮椅的宽度为 70cm 以下，因此，出入口的有效宽度为 80cm 以上（1 错误）。此外，考虑到可能会碰到手和胳膊肘，理想宽度是 90cm 以上。

为了防止脚踏板碰到门，可考虑在门的下方安装踢脚板（2 正确）。

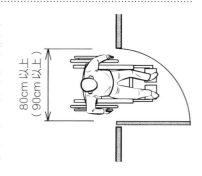

80cm 以上（90cm 以上）

脚踏板（脚休息的地方）

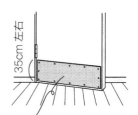

35cm 左右

踢脚板：厚 1mm 左右的不锈钢板或铜板
（用来踢的板）如果在铁板上进行涂装，
涂层很快就会磨损

超级记忆术

入 口 ⇨ 入 回 ⇨ 八〇 ⇨ 80cm 以上

由文字"入口"的形状联想到"八〇"

● 笔者的母亲居住的高龄者专用公租房的出入口的有效宽度为 77cm，很窄。
母亲坐轮椅进出的时候，护理人员要非常小心才能不碰到她的胳膊肘。

....

答案 ▶ **1.** 错误   **2.** 正确

Q 通过一台轮椅的楼道宽度是 90cm。

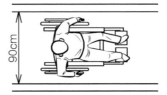

A 轮椅的宽度在 70cm 以下（实际产品为 60cm 左右），在此基础上加 10cm，就是 80cm 以上，这就是轮椅能通过的门和楼道的最小尺寸。在此基础上，考虑到不要碰到手和胳膊肘，再加 10cm，就是 <u>90cm 以上</u>，是较为合适的尺寸（答案正确）。

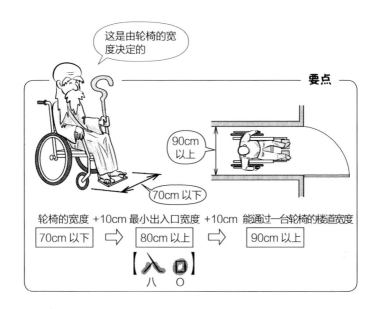

这是由轮椅的宽度决定的

要点

90cm 以上

70cm 以下

轮椅的宽度	+10cm 最小出入口宽度	+10cm 能通过一台轮椅的楼道宽度
70cm 以下	80cm 以上	90cm 以上

【入口】
　八　口

【　】内是超级记忆术

答案 ▶ 正确

Q 考虑腋拐使用者，楼道宽度为 120cm。

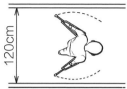

A 使用腋拐时，由肩部斜向外伸的部分会加大宽度。腋拐不像轮椅那样有固定宽度、摆幅较大，它需要的空间比能通过一台轮椅的楼道宽度要宽，为 <u>90~120cm</u>（答案正确）。

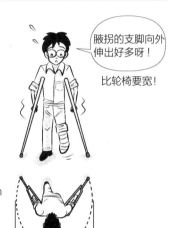

腋拐的支脚向外伸出好多呀！

比轮椅要宽！

楼道宽度

1 台轮椅：约为 90cm

1 人拄腋拐：约为 120cm

90~120cm

┌─ **超级记忆术** ─

松叶杖
（腋拐的日文） ⇒ 松 ⇒ 12 ⇒ 12
约 120cm

由文字 "松" 的形状联想到 "12"

1

尺寸

Q 考虑两台轮椅在楼道错行，楼道的有效宽度为 130cm。

....

A 通过一台轮椅的楼道宽度是 90cm 以上，要通过两台轮椅，宽度就是两倍，应为 180cm 以上（答案错误）。轮椅的宽度为 70cm 以下，最小出入口的宽度为 80cm，再记一遍吧。

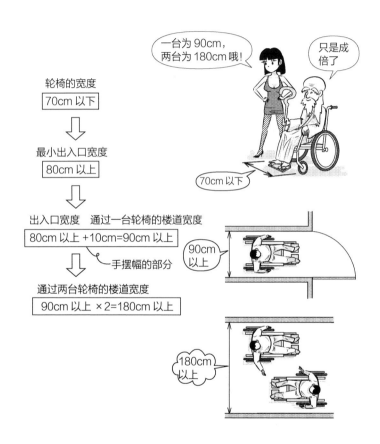

一台为 90cm，两台为 180cm 哦!

只是成倍了

轮椅的宽度
80cm 以上

⬇

最小出入口宽度
80cm 以上

⬇

70cm 以下

出入口宽度　通过一台轮椅的楼道宽度
80cm 以上 +10cm=90cm 以上

——手摆幅的部分

⬇

通过两台轮椅的楼道宽度
90cm 以上 ×2=180cm 以上

90cm 以上

180cm 以上

....

答案 ▶ 错误

Q 人在使用手动轮椅时，双轮旋转一周的直径应在 120cm 以上，使用单轮旋转一周的直径应在 180cm 以上。

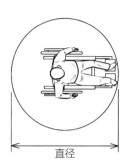

直径

A 使用双轮旋转的直径应在 150cm 以上，使用单轮旋转一周的直径应在 210cm 以上（答案错误）。多功能厕所（残疾人专用厕所）的大小是由在厕所内能够容纳轮椅旋转的 150cm 的圆的大小决定的。

两手能够操作，需要 150cm 以上才能旋转

如果是单手操作，就需要 210cm 以上哦！

答案 ▶ 错误

Q 轮椅能够旋转 180° 的楼道宽度在 140cm 以上。

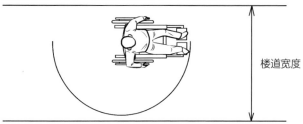

楼道宽度

A 轮椅旋转 360° 时，就是使用两个轮子，需要直径 150cm 以上，旋转 180° 是画半圆，所需宽度会小一些，约 140cm（答案正确）。140cm 的楼道宽度在实际住宅中是不可能实现的，这是公共设施、福利设施的参考尺寸。

比旋转 360° 需要的空间窄

Q 多功能厕所的大小设为内部尺寸是 200cm×200cm 的正方形。

A 内部尺寸是指从墙壁内到另一侧墙壁内的有效部分的长度。在多功能厕所中,如图所示,只要内部尺寸在 2m 以上即可(答案正确)。

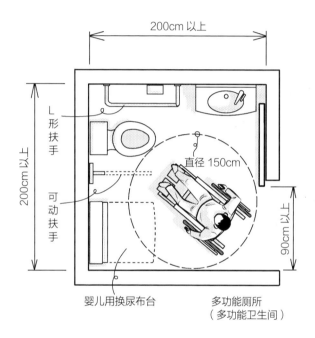

200cm 以上

L 形扶手

可动扶手

直径 150cm

90cm 以上

200cm 以上

婴儿用换尿布台

多功能厕所
(多功能卫生间)

超级记忆术

护理者 + 被护理者
父母 + 婴儿 } 能够供两人使用的多功能卫生间

2m 正方形
(200cm)

Q 考虑护理陪同空间，独栋住宅的厕所的内部尺寸为 140cm × 180cm。

A 护理陪同空间的有效宽度在 140cm 以上。为了不让洗手台成为障碍，一般将洗手台设置在入口侧。

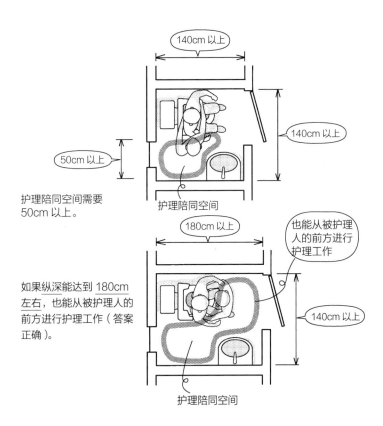

护理陪同空间需要 50cm 以上。

如果纵深能达到 180cm 左右，也能从被护理人的前方进行护理工作（答案正确）。

Q 关于使用轮椅的升降电梯箱体的尺寸，带门侧的宽度为 140cm，
纵深为 120cm。

....

A 轮椅的长度在 120cm 以下，由于坐轮椅者的脚会伸出来一些，
所以升降电梯纵深 120cm 是不够的（答案错误）。一般纵深规定
在 135cm 以上。另外，轮椅使用者搭乘后，要有其他人搭乘的
空间，因此规定带门侧宽度在 140cm 以上。

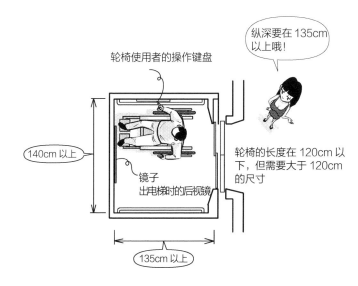

轮椅使用者的操作键盘

纵深要在 135cm 以上哦!

140cm 以上

镜子
出电梯时的后视镜

轮椅的长度在 120cm 以下，但需要大于 120cm 的尺寸

135cm 以上

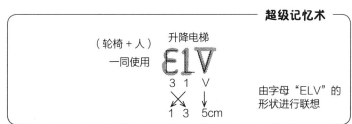

超级记忆术

（轮椅＋人）
一同使用

升降电梯

ELV

3 1　V
⤬　↓
1 3　5cm

由字母 "ELV" 的
形状进行联想

1

尺寸

Q 1. 考虑轮椅的旋转需要，升降电梯大厅的尺寸为180cm×180cm。

2. 轮椅使用者使用的升降电梯的操作按钮的高度，设为距地面
130cm。

A 在升降电梯大厅，为了
使轮椅能够旋转，需
要能够容纳直径为
150cm以上的圆形的
空间（1 正确）。
操作按钮设置在坐轮
椅者的眼睛的高度，
100~110cm 的位置
（2 错误）。

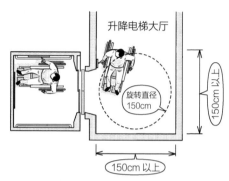

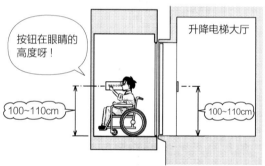

对于站立的人，100cm 较低，
一般会在 120~130cm 的
高度设置其他操作按钮。

Q 1. 轮椅用坡道的坡度为 1/15。

2. 步行者用坡道的坡度为 1/6。

....

A 关于坡道的坡度，轮椅用规定在 1/12 以下，在 1/15 以下更为理想（1 正确）。步行者用规定在 1/8 以下（2 错误）。这里请记住 1/12、1/8 这些数字吧。打造高度 3m 的坡道时，步行者用的坡道长度为 3m×8=24m，轮椅用需要 3m×12=36m（平台除外）。实际上，让轮椅一口气行进一个楼层的高度是不可能的。

轮椅用坡道：1/12 以下（1/15 以下更理想）

步行者用坡道：1/8 以下

超级记忆术

1/12
使用轮椅爬坡

人用 ⇨ 人 ⇨ 八 1/8

由文字"人"的形状联想到"八"

● 勒·柯布西耶经常设计坡道，但实际走过萨伏伊别墅（The Villa Savoye, 1931 年）、拉罗歇 – 让纳雷别墅（The Villa La Roche-Jeanneret, 1923 年）的坡道之后，很意外地感觉步行爬坡比较困难。

....

答案 ▶ **1.** 正确 **2.** 错误

勒·柯布西耶被认为是最先积极使用坡道的建筑家。拉罗歇－让纳雷别墅的工作室外设置的坡道，实际上人走着会感到吃力。计算一下坡度，约为 1/3.4。另外，萨伏伊别墅的坡度约为 1/5.6，也很陡，根据日本的建筑标准法是无法建造的。

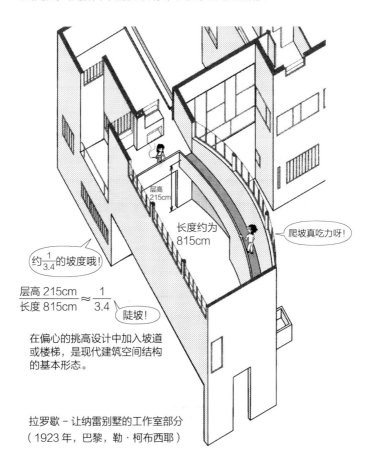

层高
215cm

长度约为
815cm

爬坡真吃力呀！

约 $\frac{1}{3.4}$ 的坡度哦！

$$\frac{\text{层高 } 215\text{cm}}{\text{长度 } 815\text{cm}} \approx \frac{1}{3.4}$$

陡坡！

在偏心的挑高设计中加入坡道或楼梯，是现代建筑空间结构的基本形态。

拉罗歇－让纳雷别墅的工作室部分
（1923 年，巴黎，勒·柯布西耶）

参考：由勒·柯布西耶基金会提供的实测图。

Q 1. 停车场汽车用坡道的坡度为 1/5。

　2. 与停车场的楼梯并排设置的自行车用坡道的坡度为 1/4。

....

A 规定车用坡度在 1/6（17%）以下，与楼梯并排设置的自行车用坡度在 1/4 以下（1 错误，2 正确）。这里说的自行车用坡道，是指人从自行车上下来，用手推自行车下行（下坡）所使用的坡道。

1

尺寸

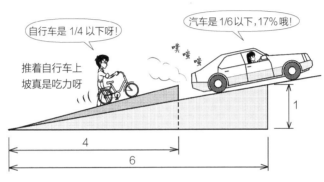

自行车是 1/4 以下呀！

汽车是 1/6 以下，17% 哦！

推着自行车上坡真是吃力呀

噗嘻嘻

1

4

6

汽车：1/6 以下（17% 以下）

自行车：1/4 以下

超级记忆术

car ⇒ *car* ⇒ ○ ↻ ⇒ 1/6 以下

由字母"ca"的形状联想到"6"

....

Q 1. 轮椅用坡道的坡度为 1/12，宽度为 100cm。

2. 与楼梯并排设置的坡道的宽度为 100cm。

A 规定轮椅用坡道的宽度在 120cm 以上，与楼梯并排设置时在 90cm 以上。坡道与楼梯并排设置时，步行者会使用楼梯，因此只要让轮椅能够通过即可。出入口最小宽度在 80cm 以上 + 10cm=90cm 以上，与楼道的宽度是一样的（参见 R016）。没有楼梯只有坡道时，需要与步行者相错而行，宽度最小也需要 120cm 以上（1 错误，2 正确）。

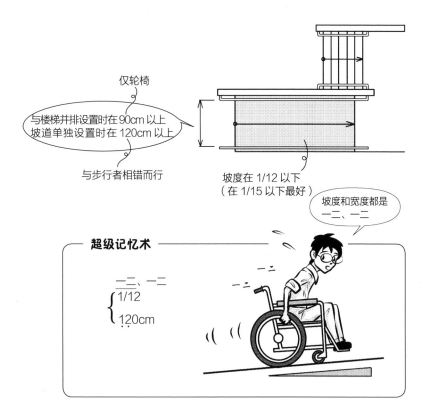

仅轮椅

与楼梯并排设置时在90cm 以上
坡道单独设置时在120cm 以上

与步行者相错而行

坡度在 1/12 以下
（在 1/15 以下最好）

坡度和宽度都是
一二、一二

超级记忆术

一二、一二
{ 1/12
{ 120cm

Q 1. 轮椅用坡道的坡度为 1/12 时，要在每 100cm 高度以内设置坡段平台。

2. 轮椅用坡道的宽度为 120cm 时，坡段平台的长度为 150cm。

A 自摇轮椅爬上斜坡是非常吃力的。规定高度在每 75cm 以下时要设置坡段平台（1 错误）。坡段平台的长度是轮椅的长度（120cm 以下）再加上充足的空间，即 150cm 以上（2 正确）。

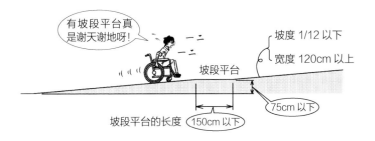

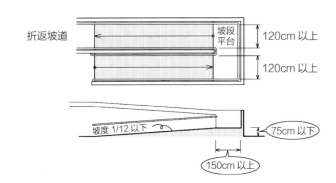

Q 高龄者使用的楼梯的坡度为 6/7。

A 规定高龄者用的楼梯坡度在 <u>6/7（约 40°）以下</u>，最好在 7/11 以下（答案正确）。楼梯的坡度是通过楼梯踏板前端的连接线进行测量的。

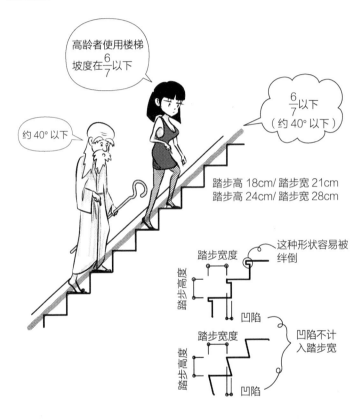

Q 高龄者用楼梯的踏步高度（R）、踏步宽度（T）的尺寸满足 $55\text{cm} \leq 2R+T \leq 65\text{cm}$。

....

A 使用方便的楼梯尺寸的指标是 $2R+T$。水平方向在平地上走一步的长度可以视为踏步宽度（T）。而设计楼梯时要考虑垂直方向的踏步高度（R）。垂直方向是将身体向上抬起，比水平方向将身体向前移动要辛苦，因此设为踏步高度的 2 倍，即 $2R$。楼梯的 1 步是 $2R+T$。规定 $2R+T$ 在 55cm 以上、65cm 以下，取中间值 60cm，人在上楼梯时会比较方便（答案正确）。

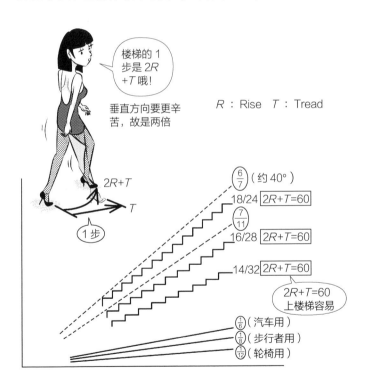

Q 自动扶梯的坡度为 1/2。

A 规定自动扶梯的坡度在 30° 以下。30° 的坡度写成分数形式就是
1/√3 =1/1.73…，设问的 1/2 小于 1/1.73…（答案正确）。

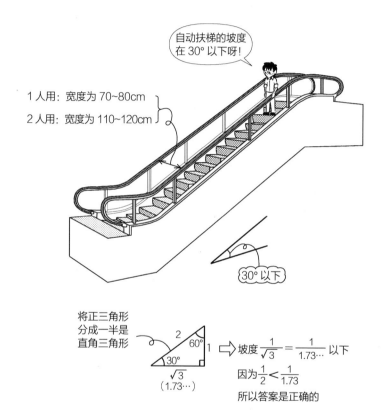

将正三角形
分成一半是
直角三角形

⇨ 坡度 $\frac{1}{\sqrt{3}} = \frac{1}{1.73\cdots}$ 以下

因为 $\frac{1}{2} < \frac{1}{1.73}$

所以答案是正确的

答案 ▶ 正确

Q 1. 石板瓦（纤维强化水泥板）屋顶的屋顶坡度为 2/10。

　2. 日本瓦屋顶的屋顶坡度为 4/10。

　3. 金属板瓦屋顶的屋顶坡度为 2/10。

A 石板瓦的屋顶坡度在 3/10（日文：3 寸坡度）以上。水在金属板上容易流动，因此可以使用比石板瓦屋顶坡度缓的坡度，在 2/10（日文：2 寸坡度）以上。水容易进入日本瓦重叠的缝隙里，因此日本瓦屋顶需要比石板瓦屋顶更陡的坡度，在 4/10（日文：4 寸坡度）以上（1 错误，2 正确，3 正确）。

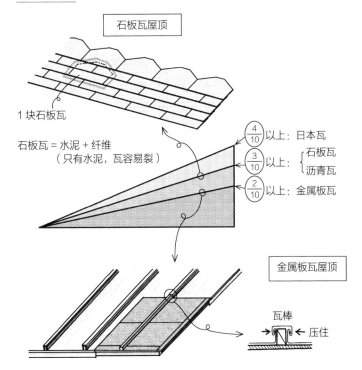

石板瓦屋顶

1 块石板瓦

石板瓦 = 水泥 + 纤维
（只有水泥，瓦容易裂）

$\frac{4}{10}$ 以上：日本瓦

$\frac{3}{10}$ 以上：石板瓦 / 沥青瓦

$\frac{2}{10}$ 以上：金属板瓦

金属板瓦屋顶

瓦棒 → ← 压住

● 虽然屋顶坡度陡一些会使水的流动更加顺畅，但同时也会导致爬上屋顶变得困难，出现不方便维修等缺点。

答案 ▶ **1.** 错误　**2.** 正确　**3.** 正确

轮椅用坡道	$\frac{1}{12}$以下　　　　【一二、一二，坐轮椅爬坡】 $\frac{1}{1/12}$ （最好在$\frac{1}{15}$以下）
步行者用坡道	$\frac{1}{8}$以下　　　【人用 ⇨ 人 ⇨ $\frac{八}{1/8}$】
汽车用坡道（停车场）	$\frac{1}{6}$以下 （17%以下）　　　【car ⇨ car ⇨ 1/6】
自行车用坡道 （停车场中与楼梯并排设置）	$\frac{1}{4}$以下
高龄者用楼梯	$\frac{6}{7}$以下 55cm ≤ 2R+T ≤ 65cm
自动扶梯	30°以下
石板瓦屋顶	$\frac{3}{10}$以下

（3寸坡度）

【 　 】内是超级记忆术

Q 楼梯上的扶手高度，设为距楼梯踏板前端位置 110cm。

A 安装在墙壁上的辅助身体用的楼梯扶手高度在 75~85cm。110cm 太高，无法承受体重（答案错误）。在不靠墙壁的楼梯上，扶手高度 90cm 是安全的，如果能另外再设置一个低位置扶手是最好的。对于屋顶广场、阳台、外部楼道上防止坠落的扶手，日本建筑标准法规定高度要在 110cm 以上。

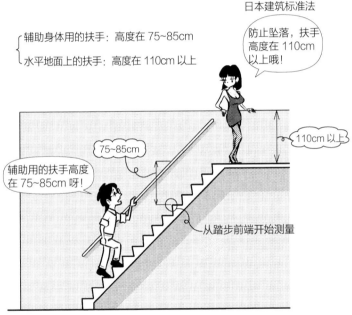

日本建筑标准法

防止坠落，扶手高度在 110cm 以上哦！

辅助身体用的扶手：高度在 75~85cm
水平地面上的扶手：高度在 110cm 以上

110cm 以上

75~85cm

辅助用的扶手高度在 75~85cm 呀！

从踏步前端开始测量

没有阳台的窗下墙壁高度，多在 110cm 以上。

● 楼梯两侧最好都设置扶手，如果只能设置单侧，那么就设置在<u>下楼梯时的惯用手侧</u>。

答案 ▶ 错误

Q 考虑到高龄者的使用，楼道里的靠墙扶手设置为距地面 75cm 和 60cm 的两段式。

A 对于身高不高，或驼着背并将体重都附加到扶手上的高龄者，75cm 的扶手太高了。因此设置高度为 75~85cm 和 60~65cm 的两段式扶手是很实用的（答案正确）。

● 通用设计（universal design）直译就是"普遍的设计"，是无论使用者的文化、能力、语言，也不管是男女老幼或是否有身体障碍等，都可以使用的设施、产品、信息等的设计。

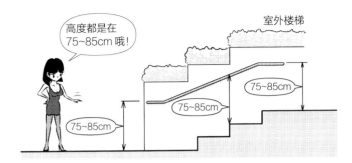

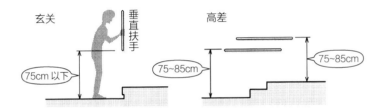

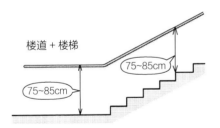

Q 楼梯和楼道的扶手的直径为 3.5cm，扶手与墙壁的间距为 40mm。

....

A 考虑到手握时的舒适度，扶手的直径为 3~4cm，扶手与墙壁的间距为 4~5cm（答案正确）。

为了避免从墙壁伸出的支架（金属支撑物）碰到手，应采用从下面支撑的形式。

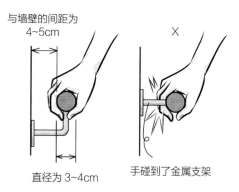

与墙壁的间距为 4~5cm

×

直径为 3~4cm

手碰到了金属支架

....

答案 ▶ 正确

Q 1. 楼梯扶手的末端，向水平方向延伸 30cm，再向下弯曲。
2. 楼道和楼梯是连续扶手，末端向下弯曲。

A

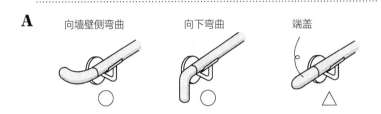

向墙壁侧弯曲　　　　　　向下弯曲　　　　　　端盖

○　　　　　　　　○　　　　　　　　△

为了使扶手的末端不勾到衣服，要将末端向墙壁侧或向下弯曲。另外，楼道与楼梯的扶手最好是连续的。当只有楼梯设置扶手时，设置 30cm 左右的水平部分，可以使人从楼道移动到楼梯变得顺畅（1、2 均正确）。

很容易勾到袖子呀！

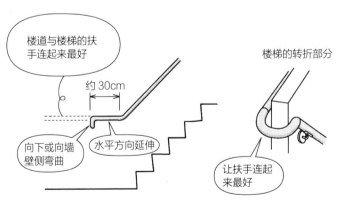

楼道与楼梯的扶手连起来最好

约 30cm

向下或向墙壁侧弯曲　　水平方向延伸

楼梯的转折部分

让扶手连起来最好

● 构成扶手末端、弯曲部分的部件称为"配件"。扶手的转折部分是弯曲的，与配件进行组合处理。

答案 ▶ 1. 正确　2. 正确

Q 1. 西式厕所里的扶手直径，与水平扶手相比，垂直扶手会更粗。

2. 西式厕所里的L形扶手的长度，垂直方向为80cm，水平方向为60cm。

A 人从马桶上站起来时，为了减轻对膝盖的负担，需要手能够扶着扶手。手握垂直扶手起身，扶手直径为3~4cm。有时将胳膊肘架在水平扶手上支撑身体，因此水平扶手要比垂直扶手粗（1错误）。另外，在厕所里，为了抓住L形扶手的垂直部分起身，要先把手靠在水平扶手上，因此，垂直扶手的长度约为80cm，水平扶手的长度约为60cm（2正确）。

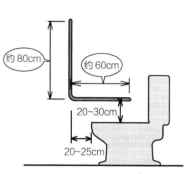

约80cm　约60cm　20~30cm　20~25cm

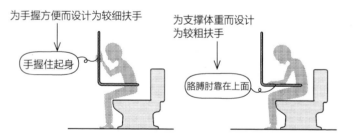

为手握方便而设计为较细扶手　手握住起身

为支撑体重而设计为较粗扶手　胳膊肘靠在上面

市面上的L形扶手很多都是垂直部分和水平部分的直径均为32mm左右

Q **1.** 考虑到视力残疾人,在楼梯前 30cm 左右的地面上设置盲道砖。

　　2. 考虑到高龄者,在楼梯上行方向第一阶楼梯踏板、下行方向距
　　　地面 30cm 左右的高度上设置地脚灯。

....

A 在公共场所设置的楼梯,要为视力残疾人设置盲道砖,为弱视人
群设置地脚灯(1、2 均正确)。

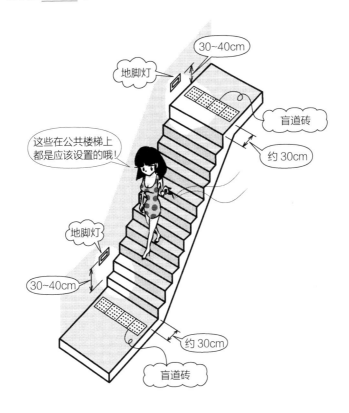

地脚灯

30~40cm

盲道砖

约 30cm

这些在公共楼梯上
都是应该设置的哦!

地脚灯

30~40cm

约 30cm

盲道砖

● 盲道砖就是表面有点状凹凸的砖。也有线状凹凸的盲道砖。
....

答案 ▶ **1.** 正确　**2.** 正确

1

尺
寸

Q 1. 考虑到轮椅使用者，玄关的换鞋处与门廊的高差为 3cm。

2. 考虑到高龄者，玄关的换鞋处与门廊使用同一种颜色。

A 为了确保防水性和气密性，换鞋处的内侧会做高。然而，如果高差太大，会造成轮椅出入不便，还会容易绊脚。因此规定高差在 2cm 以下（1 错误）。另外，高龄者对颜色的识别能力下降，如果将换鞋处颜色与周围地板颜色区分开，则不容易绊脚（2 错误）。

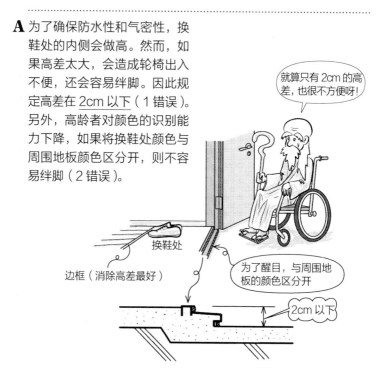

就算只有 2cm 的高差，也很不方便呀！

换鞋处

边框（消除高差最好）

为了醒目，与周围地板的颜色区分开

2cm 以下

超级记忆术

高差 ⇨ 二 ⇨ 二 ⇨ 2cm 以下

由尺寸符号的形状联想到"二"

- 笔者母亲居住的高龄者专用公租房的玄关的换鞋处有 2cm 的高差，仅仅这个高度就使得轮椅出入极为不便。笔者认为，在保证防水性的同时，平坦的地面比较实用。

答案 ▶ 1. 错误　2. 错误

Q 考虑到高龄者：

1. 玄关地板框的高差在 18cm 以下。

2. 阳台的出入口的高差有 36cm，所以需要设置高 18cm、进深 25cm、宽 50cm 的踏板。

A

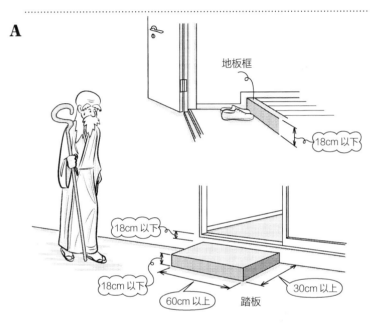

地板框

18cm 以下

18cm 以下

18cm 以下

60cm 以上 踏板 30cm 以上

地板框的高度在 18cm 以下，露台、阳台的出入口的高差也是 1 阶台阶，在 18cm 以下。规定踏板的进深在 30cm 以上，宽度在 60cm 以上（1 正确，2 错误）。

Q 考虑到高龄者：

1. 使用排水沟盖板，消除浴室入口的高差。

2. 从淋浴的地面到浴缸边缘的高差为 40cm，浴缸的深度为 50cm。

A 为了避免浴室地面的水流进更衣室，一般浴室地面要比更衣室低 10cm 左右。设置排水沟和盖板，可以实现地面连续无高差（1 正确）。在现有的浴室地面上放木板踏垫来消除出入口的高差也比较实用。采用小块木板踏垫更方便摘取，清扫起来也比较便利。

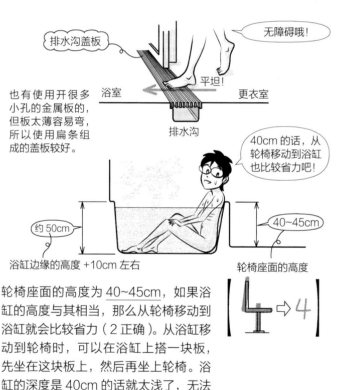

也有使用开很多小孔的金属板的，但板太薄容易弯，所以使用扁条组成的盖板较好。

无障碍哦！

排水沟盖板

平坦！

浴室　　　　更衣室

排水沟

40cm 的话，从轮椅移动到浴缸也比较省力吧！

约 50cm

浴缸边缘的高度 +10cm 左右

40~45cm

轮椅座面的高度

轮椅座面的高度为 40~45cm，如果浴缸的高度与其相当，那么从轮椅移动到浴缸就会比较省力（2 正确）。从浴缸移动到轮椅时，可以在浴缸上搭一块板，先坐在这块板上，然后再坐上轮椅。浴缸的深度是 40cm 的话就太浅了，无法洗澡，应该在 50cm，可以使浴缸向地面下沉 5~10cm。

【　】内是超级记忆术

Q 1 辆小型汽车的停车空间需要宽 200cm，进深 400cm。

....

A 一般的停车空间需要宽 230~300cm，进深 500~600cm（答案错误）。就请记住 230cm×600cm 吧。即使宽度是 210cm，也能勉强停车。小型车的标准尺寸是宽 170cm× 长 470cm× 高 200cm，在平面上会占据很大的空间。

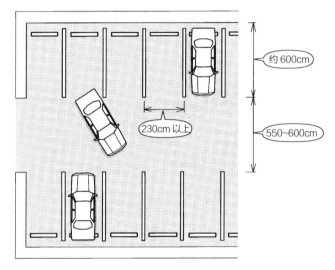

....

答案 ▶ 错误

Q 轮椅使用者每辆汽车的停车空间需要宽 250cm，进深 600cm。

A 停车空间一般需要宽 230~300cm，进深 500~600cm。轮椅用停车空间，为了能打开车门方便轮椅进出，宽要在 <u>350cm 以上</u>(答案错误)。

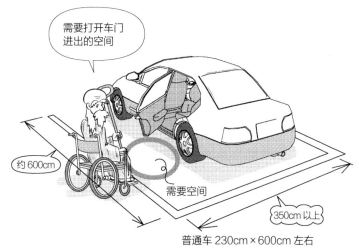

需要打开车门进出的空间

约600cm

需要空间

350cm 以上

普通车 230cm×600cm 左右

超级记忆术

由汽车 + 轮椅的形状联想到 3 和 5

⇨ 350cm 以上

Q 在停车场里，每 50 个停车位要保证 2 个轮椅用停车位。

A 轮椅用停车位要占总停车位的 1/50（2%）以上。如果总停车位是 50 个，那么就要保证 1 个以上轮椅用停车位（答案正确）。

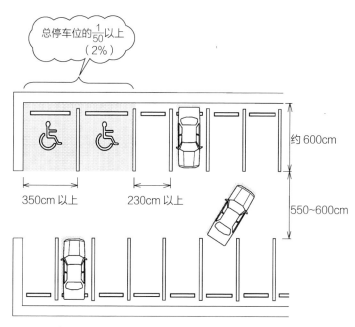

Q **1.** 含车辆通行道路的停车场，每辆汽车的停车面积应为 50m² 。

2. 含车辆通行道路的停车场，每辆汽车的停车面积，60° 斜列式停车比平行式停车（译注：即"非"字形停车）要小。

A 含车辆通行道路的停车场，每辆汽车的停车面积是 30~50m²（1 正确）。斜列式停车使得车辆进出方便，通行道路可以设计得较窄，但浪费空间较多，每辆汽车的面积会变大（2 错误）。

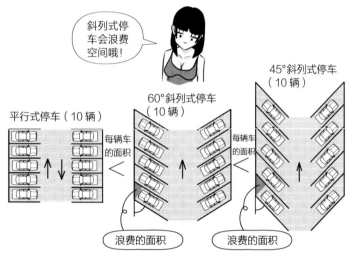

越接近直角，浪费的面积越少

Q 停车场通行道路的宽度为 600cm。

....

A 停车场通行道路的宽度，双向通行是 550cm 以上，单向通行是 350cm 以上（答案正确）。

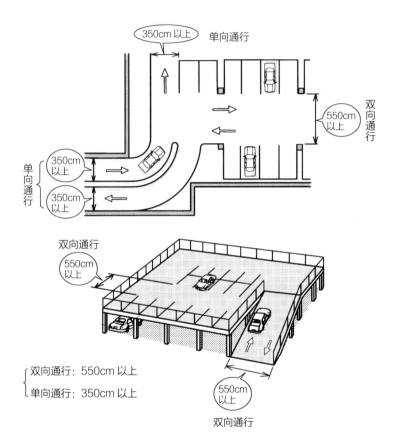

双向通行：550cm 以上
单向通行：350cm 以上

....

答案 ▶ 正确

Q 停车场内的通行道路，转弯部分的内转弯半径为 600cm。

....

A 内转弯半径就是车辆最内侧测量的转弯半径。转弯半径越小，弯道越急，越不安全。规定停车场转弯部分的内侧半径在 <u>500cm 以上</u>（答案正确）。

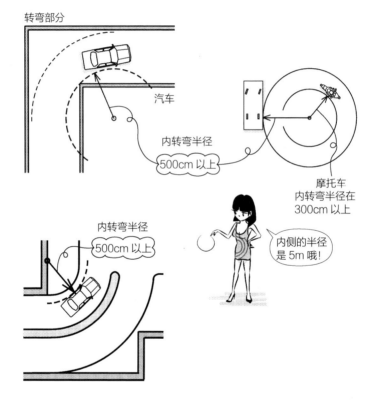

转弯部分

汽车

内转弯半径
500cm 以上

摩托车
内转弯半径在
300cm 以上

内侧的半径
是 5m 哦！

内转弯半径
500cm 以上

....

答案 ▶ 正确

Q 停车场的梁下高度为 200cm。

A 规定停车场通行道路处的梁下高度在 230cm 以上，停车位置的梁下高度在 210cm 以上。高车顶的货车的高度约在 210cm，所以停车位置的梁下高度最好也有 230cm（答案错误）。

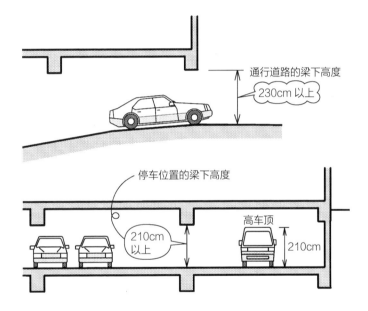

通行道路的梁下高度
230cm 以上

停车位置的梁下高度
210cm 以上

高车顶 210cm

1

尺
寸

Q 自助式地下停车场，在坡道的起始处和结束处设置缓坡，缓坡的坡度是坡道坡度的 1/2。

A 从水平地面到坡道之间应设置长约 350cm、坡道坡度 1/2 以下的缓坡，使它们顺利连接。坡道坡度在 1/6（17%）以下（答案正确）。

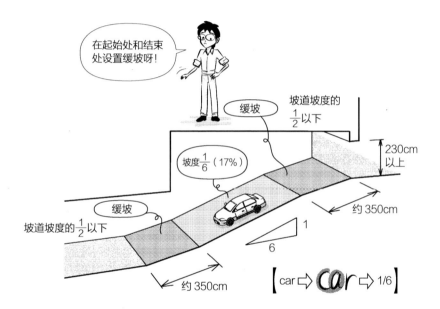

【   】内是超级记忆术

Q 停车场的出入口设置在距交叉路口6m、距小学的出入口23m
以外。

....

A 停车场的出入口，人与车的动线交错，容易发生危险。对这一问
题有很多规定，请记住以下两点：<u>距交叉路口5m以内，距幼儿</u>
<u>园、小学的出入口20m以内不能设置停车场出入口</u>（答案正确）。

1

尺
寸

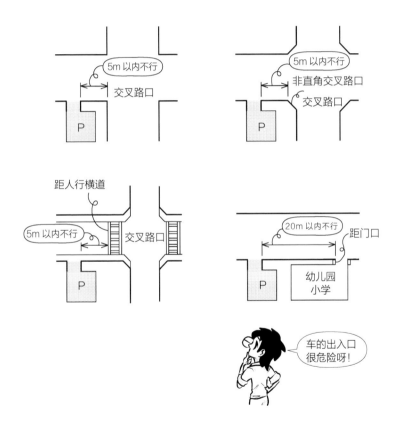

Q 每辆摩托车的停车空间是：宽 55cm，进深 190cm。

A 摩托车的尺寸多种多样，有宽 90cm × 进深 230cm 左右的空间就够了（答案错误）。进深 230cm 与汽车停车位宽度相同。

约 90cm　　　约 230cm

Q 每辆自行车的停车空间是：宽 60cm，进深 190cm。

....

A 停两轮车的停车场，每辆车的停车空间，<u>自行车是 60cm×</u>
<u>190cm</u>，摩托车是 90cm×230cm 左右（答案正确）。如果使用
自行车停放架，自行车之间前后、上下交错，把手不会相互碰撞，
那么宽度能够缩短至 30cm 以下。

1

尺
寸

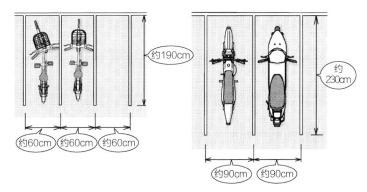

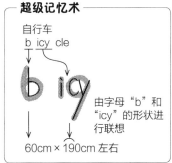

Q 大型商业店铺的规划中，停车位设置在地下停车场的各柱子之间。为了能并排放下 3 辆普通小型汽车，柱子间距设定在 7m×7m。

A 如图所示，约 6m 的柱子间距能停 2 辆，约 8m 的柱子间距能停 3 辆。设问中的 7m，只能停 2 辆（答案错误）。

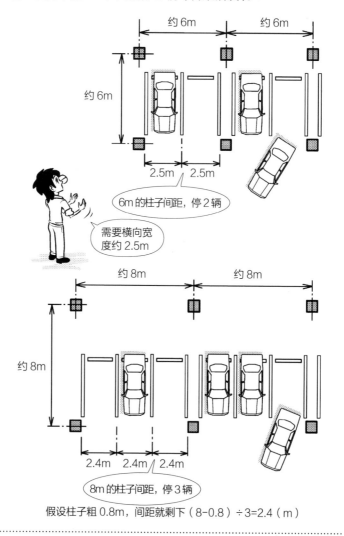

约 6m 的柱子间距，停 2 辆
需要横向宽度约 2.5m

8m 的柱子间距，停 3 辆

假设柱子粗 0.8m，间距就剩下（8-0.8）÷3=2.4（m）

小型汽车	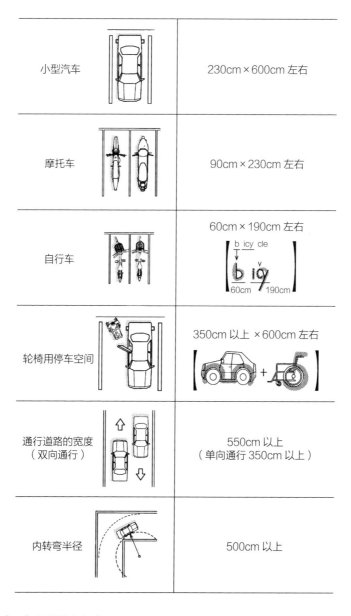	230cm×600cm 左右
摩托车		90cm×230cm 左右
自行车		60cm×190cm 左右
轮椅用停车空间		350cm 以上 ×600cm 左右
通行道路的宽度 （双向通行）		550cm 以上 （单向通行 350cm 以上）
内转弯半径		500cm 以上

【　】内是超级记忆术

Q 一室四人的病房，面积的内部尺寸为 28m^2。

A 医院、诊疗所的普通病房，要保证每位患者所占面积在 6.4m^2 以上。设问中，28m^2 ÷ 4 人 =7m^2/ 人，符合日本建筑标准（答案正确）。日本医疗法实施规则中规定，这个面积是按内部尺寸测量的。在建筑中提起面积，常会因人而异。

6.4m^2/ 人以上 × 4 人 =25.6m^2 以上
⇩

普通病房

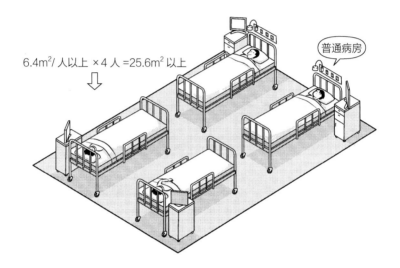

答案 ▶ 正确

Q 特别养护养老院 2 人间的专用房间面积是 16m^2。

A 规定特别养护养老院的专用房间面积是 <u>10.65m^2/ 人以上</u>。设问中，16m^2÷2 人 =8m^2/ 人，不符合日本建筑标准（日本老人福利法省令），所以不可以（答案错误）。

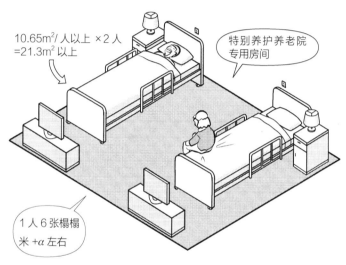

10.65m^2/ 人以上 ×2 人
=21.3m^2 以上

特别养护养老院
专用房间

1 人 6 张榻榻
米 +α 左右

6 张榻榻米（6 叠）≈ 10m^2

2

面
积

Q 托儿所可容纳 30 人的育幼室的面积为 36m²。

....

A 规定育幼室的面积为 1.98m²/ 人以上。设问中，36m² ÷ 30 人 =1.2m²/ 人，不符合日本建筑标准，所以不可以（答案错误）。

人均面积 1.98m²

满 6 岁就是小学生了

1.98m²/ 人 × 10 人 =19.8m² （约 12 张榻榻米）以上

托儿所 育幼室

Q 小学可容纳 35 人的普通教室的面积为 56m^2。

A 规定中小学的普通教室为 <u>1.2~2.0m^2/ 人</u>。设问中，56m^2÷35 人 =1.6m^2/ 人，符合日本建筑标准（答案正确）。

(1.2~20m^2/ 人)× 30 人 =36~60m^2

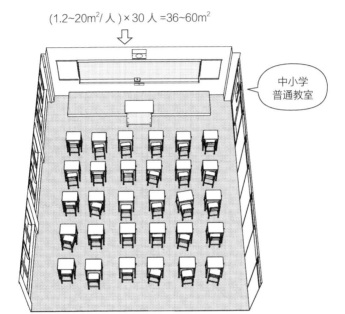

中小学
普通教室

从 1.2m^2/ 人　　　　到 2.0m^2/ 人

超级记忆术

一、二年级学生需要两位老师
1.2　　　~　　　2.0m^2/ 人

Q 地区图书馆，没有书架，可容纳 50 人的一般阅览室的面积为 125m²。

....

A 日本城镇中，直接向居民提供服务的图书馆是地区图书馆。阅览室是查询或阅读书籍的空间，面积为 1.6~3.0m²/ 人。设问中，125m² ÷ 50 人 =2.5m²/ 人，符合日本建筑标准（答案正确）。

Q 一般可容纳 12 人的办公室的面积为 120m²。

A 规定办公室的面积为 8~12m²/ 人。请记住人均约 6 张榻榻米（约 10m²）。因为 10m²±2m²，所以 8~12m²。设问中，120m² ÷12 人 =10m²/ 人，符合日本建筑标准（答案正确）。

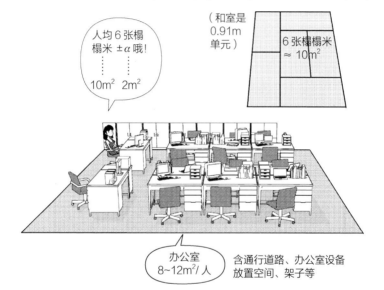

6 张榻榻米的面积：
(0.91×3)×(0.91×4)=2.73×3.64=9.94（m²）

（和室是 0.91m 单元）

6 张榻榻米 ≈ 10m²

人均 6 张榻榻米 ±α 哦！
⋮
10m² 2m²

办公室 8~12m²/ 人

含通行道路、办公室设备放置空间、架子等

┌─ **超级记忆术** ───────────────

$\dfrac{6 张榻榻米一间，一个人的办公室}{10m²±2m²}$ $\begin{cases} 10m²+2m²=12m² \\ \sim \\ 10m²-2m²=8m² \end{cases}$

Q 1. 可容纳 12 人左右的会议室的内部尺寸为 5m×10m。

    2. 可容纳 20 人左右，放置口字形桌子的会议室的内部尺寸为
3.6m×7.2m。

A <u>会议室的面积需要 2~5m²/人</u>。设问 1 是（5m×10m）/12 人
≈ 4.2m²/人，设问 2 是（3.6m×7.2m）/20 人 ≈ 1.3m²/人，
答案是 1 正确，2 错误。

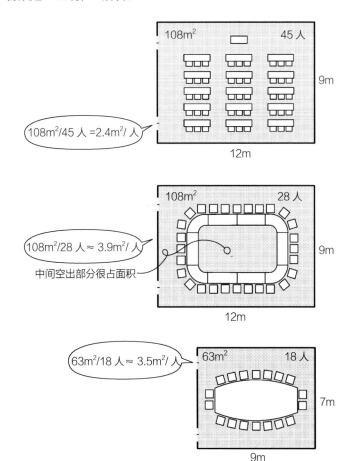

108m²/45 人 =2.4m²/人

108m²/28 人 ≈ 3.9m²/人

中间空出部分很占面积

63m²/18 人 ≈ 3.5m²/人

Q 可容纳600个观众席的电影院的面积为420m^2。

A 电影院、剧场的观众席面积，包含通道，规定为 <u>0.5~0.7m^2/人</u>。设问中，420m^2÷600人=0.7m^2/人，符合日本建筑标准（答案正确）。

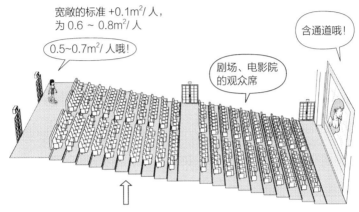

宽敞的标准 +0.1m^2/人，
为 0.6 ~ 0.8m^2/人

0.5~0.7m^2/人哦！

剧场、电影院
的观众席

含通道哦！

（0.5~0.7m^{2}人）×600人=300~420m^2

2

面
积

Q 1. 电影院的座位宽度（一个座位的正面宽度）为50cm，前后间隔为100cm。

2. 电影院的座位前后间隔为110cm，空间会比较宽敞。

A 剧场、电影院的座位大多为宽50cm×前后间隔100cm以下。如果是较窄的座位，也可以采用宽45cm×前后间隔80cm的尺寸（1正确）。座椅面与前排座椅靠背间需要35cm以上的距离。如果前后间隔有110cm，空间会比较宽敞（2正确）。

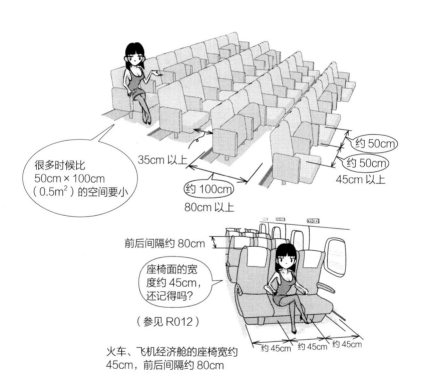

很多时候比50cm×100cm（0.5m²）的空间要小

35cm以上

约100cm

80cm以上

约50cm

约50cm

45cm以上

前后间隔约80cm

座椅面的宽度约45cm，还记得吗？

（参见R012）

火车、飞机经济舱的座椅宽约45cm，前后间隔约80cm

约45cm 约45cm 约45cm

Q 商务酒店单人间的面积为 15m^2。

....

A 很多商务酒店的单人间都采用最小面积，面积为 <u>12~15m^2</u>（答案正确）。

- 在 20 世纪 80 年代末期到 90 年代初期，日本的公寓单人间是由 1 个包含洗漱、沐浴、厕所的单元和 6 张榻榻米组成的房间，大多是 <u>16m^2 左右</u>。现在的单人间配有独立淋浴和厕所，面积是 <u>25m^2 左右</u>。

....

答案 ▶ 正确

Q 城市酒店双人间的面积为 $30m^2$。

....

A 城市酒店比商务酒店的房间面积要大，双人间（有两张单人床的房间）面积约为 $30m^2$（答案正确）。

洗漱、淋浴、厕所

有两张床的房间是 $30m^2$ 哦!

城市酒店的双人间约 $30m^2$

超级记忆术

（商务） 单人间 $15m^2$ ⟹ （城市） 双人间 $15m^2 \times 2 = 30m^2$

....

Q 城市酒店规划中，能容纳 100 人左右的坐席形式婚礼的宴会厅的面积为 250m²。

....

A 宴会厅面积为 1.5~2.5m²/ 人。有富余的摆放坐席需要 2.5m²/ 人，站席需要 2m²/ 人左右。设问中，250m²/100 人 =2.5m²/ 人，符合日本建筑标准（答案正确）。

坐席
255m²/100 人 =2.55m²/ 人

站席
255m²/120 人 ≈ 2.1m²/ 人

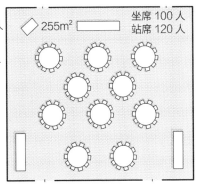

◇ 255m²   ▭   坐席 100 人
                    站席 120 人

15m

17m

超级记忆术

2 个人的结婚仪式

2m²/ 人左右 宴会厅

1.5~2.5m²/ 人

....

Q 西餐厅中，能容纳 50 人客席的面积为 $80m^2$。

A 餐厅的客席面积为 $1\sim1.5m^2/$人。比宴会厅的 $1.5\sim2.5m^2/$人小 $0.5m^2/$人，是稍微紧凑的布局。请记住"宴会厅 $2m^2-0.5m^2$"吧。设问中，$80m^2/50$ 人 $=1.6m^2/$人，符合日本建筑标准（答案正确）。

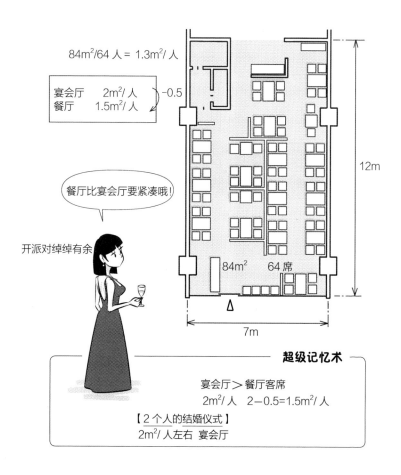

$84m^2/64$ 人 $= 1.3m^2/$人

宴会厅　　$2m^2/$人 ⎫−0.5
餐厅　　　$1.5m^2/$人 ⎭

餐厅比宴会厅要紧凑哦!

开派对绰绰有余

$84m^2$　　64 席

12m

7m

超级记忆术

宴会厅 ＞ 餐厅客席
$2m^2/$人　　$2-0.5=1.5m^2/$人

【2个人的结婚仪式】
$2m^2/$人左右 宴会厅

答案 ▶ 正确

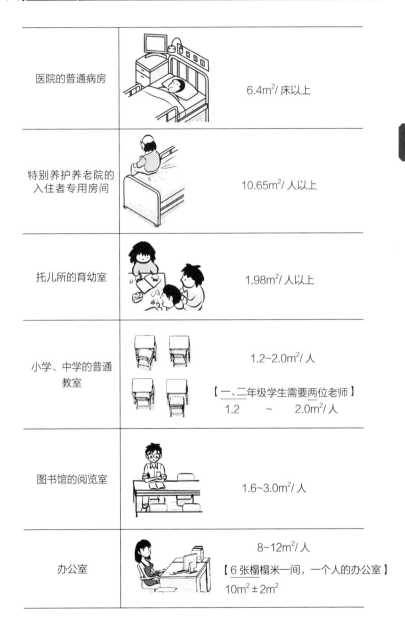

医院的普通病房		6.4m²/床以上
特别养护养老院的入住者专用房间		10.65m²/人以上
托儿所的育幼室		1.98m²/人以上
小学、中学的普通教室		1.2~2.0m²/人 【一、二年级学生需要两位老师】 1.2　～　2.0m²/人
图书馆的阅览室		1.6~3.0m²/人
办公室		8~12m²/人 【6张榻榻米一间，一个人的办公室】 10m²±2m²

【 】内是超级记忆术

2

面积

会议室		2~5m²/人
剧场、电影院的观众席		0.5~0.7m²/人
商务酒店的单人间		12~15m²
城市酒店的双人间		约30m² 【单人 15m² → 双人 15×2=30m²】
宴会厅		1.5~2.5m²/人 【2个人的结婚仪式】 2m²/人左右 宴会厅
餐厅客席部分		1~1.5m²/人 【宴会厅 > 餐厅客席】 （2m²/人）（1.5m²/人）

只摆放椅子，约 0.5m²/人；摆放椅子＋桌子，约 1.5m²/人。

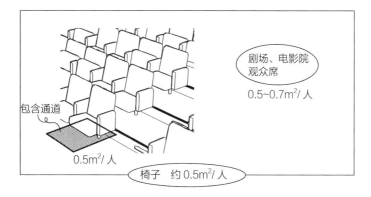

剧场、电影院
观众席

0.5~0.7m²/人

包含通道

0.5m²/人

椅子　约 0.5m²/人

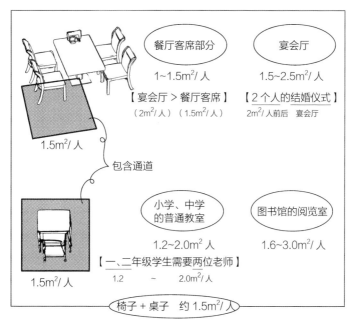

餐厅客席部分

1~1.5m²/人

【宴会厅＞餐厅客席】

（2m²/人）（1.5m²/人）

1.5m²/人

包含通道

宴会厅

1.5~2.5m²/人

【2 个人的结婚仪式】

2m²/人前后　宴会厅

小学、中学
的普通教室

1.2~2.0m²/人

【一、二年级学生需要两位老师】

1.2　　～　　2.0m²/人

1.5m²/人

图书馆的阅览室

1.6~3.0m²/人

椅子＋桌子　约 1.5m²/人

【　】内是超级记忆术

Q 住宅的收纳空间占每个房间面积的 20%。

A 住宅的收纳空间要确保占每个房间（居住空间）的 15%~20%。衣帽间同理。对于住宅整体而言,收纳空间约占 10%(答案正确)。

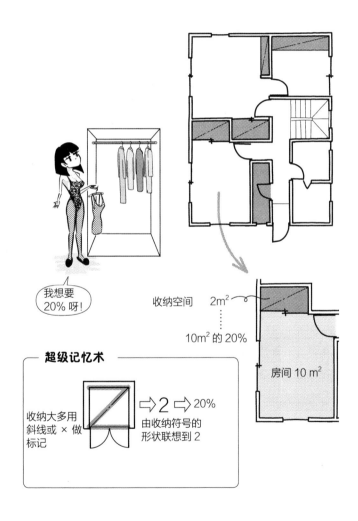

我想要20% 呀!

收纳空间 2m²

10m² 的 20%

房间 10 m²

超级记忆术

收纳大多用斜线或 × 做标记 ⇨ 2 ⇨ 20%

由收纳符号的形状联想到 2

Q 标准层的地面面积为 $500m^2$ 的租赁写字楼，标准层的租赁房间面积为 $400m^2$。

....

A 收益部分占整体（这里指标准层）的比，称为出租容积率。能够（able）出租（rent）的面积比，即写字楼标准层的<u>出租容积率</u>为 75%~85%。设问中，$400m^2/500m^2=0.8=80\%$，符合日本建筑标准（答案正确）。

$$出租容积率 = \frac{收益部分楼板面积}{总楼板面积}$$

2

面积

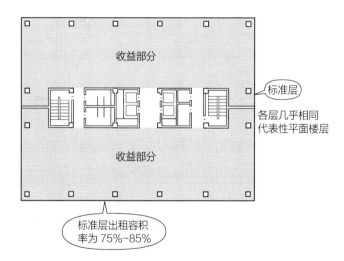

标准层出租容积率为 75%~85%

....

答案 ▶ 正确

Q 总建筑面积为 5000m² 的租赁写字楼，出租房间的面积为 3500m²。

A 写字楼的出租容积率，对于标准层是 <u>75%~85%</u>，对于总建筑面积是 <u>65%~75%</u>。因为包含入口大厅、设备间等，所以总建筑面积的出租容积率会变小。请记住 75%±10% 吧。设问中，3500m²/5000m²=0.7=70%，符合日本建筑标准（答案正确）。

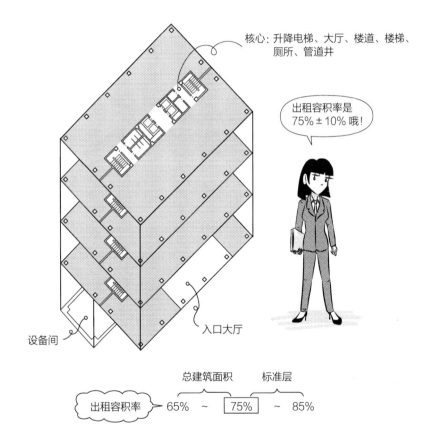

核心：升降电梯、大厅、楼道、楼梯、厕所、管道井

出租容积率是 75%±10% 哦！

入口大厅

设备间

总建筑面积　标准层

出租容积率 → 65% ～ 75% ～ 85%

Q 商务酒店客房的面积占总建筑面积的 75%。

A 商务酒店的客房面积，与办公楼一样，<u>约占总建筑面积的 75% 以下</u>，<u>约占标准层的 75% 以上</u>（答案正确）。

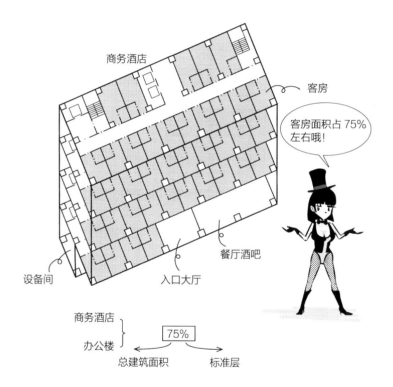

Q 酒店客房面积占总建筑面积的比例，城市酒店比商务酒店要大。

A 商务酒店优先考虑住宿功能，客房面积比例较大。而城市酒店兼容宴会厅、餐厅、咖啡厅、酒吧等其他部门，约占整体面积的50%，客房面积的比例与商务酒店相比较小（答案错误）。

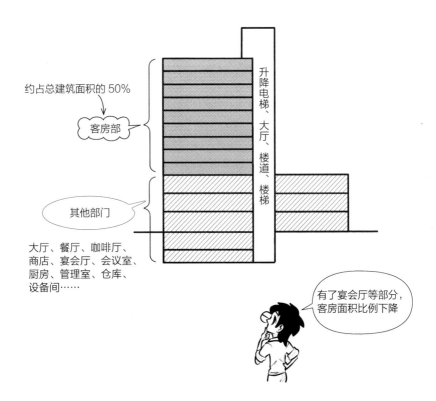

约占总建筑面积的 50%

客房部

升降电梯、大厅、楼道、楼梯

其他部门

大厅、餐厅、咖啡厅、商店、宴会厅、会议室、厨房、管理室、仓库、设备间……

有了宴会厅等部分，客房面积比例下降

Q 规划配备宴会厅的客房数为 750 间的城市酒店，每间客房的建筑
面积为 100m²。

A 关于各类酒店的建筑面积，城市酒店、度假酒店约 100m²/间，
商务酒店约 50m²/间（答案正确）。城市酒店其他部门占地面积
大，使得每间客房所占的建筑面积变大。

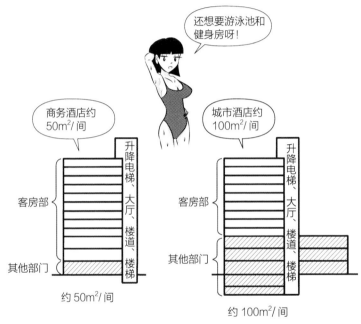

2

面
积

还想要游泳池和
健身房呀！

商务酒店约
50m²/间

客房部

其他部门

约 50m²/间

升降电梯、大厅、楼道、楼梯

城市酒店约
100m²/间

客房部

其他部门

约 100m²/间

升降电梯、大厅、楼道、楼梯

超级记忆术

客房、宴会厅、餐厅、咖啡厅、酒吧、健身房、游泳池

100% 齐全的城市酒店

100m²/间

Q 百货商店的卖场面积（包含通道），占总建筑面积的 60%。

A 百货商店的卖场面积占总建筑面积的 50%~60%（答案正确）。入口大厅、升降电梯、电梯大厅、楼梯、仓库、管理室等，占总建筑面积的 40%~50%。越高级的百货商店，其卖场面积越小。

$$\text{百货商店：} \frac{\overset{\text{（包含通道）}}{\text{卖场面积}}}{\text{总建筑面积}} = 50\% \sim 60\%$$

百货商店的卖场面积占 50%~60%

答案 ▶ 正确

Q 1. 超市为了提高单位面积的销售效率，一般开设在低层建筑物中，且卖场面积占总建筑面积的比例较大。

　　2. 总建筑面积为 1000m² 的超市，卖场面积（含卖场内通道）总计为 600m²。

A 与百货商店相比，超市的卖场面积占总建筑面积的比例较大，<u>大于 60%</u>（1、2 均正确）。相比于百货商店的宽敞，超市的布局多少有些拥挤。请记住 60% 上下吧。

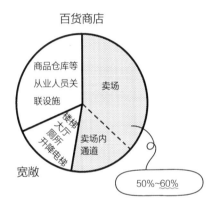

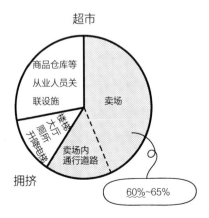

Q 总面积为 200m^2 的餐厅，厨房面积为 60m^2。

A 餐厅的厨房面积约占餐厅总面积的30%。3成左右是餐厅的后厨。
设问中，60m^2÷200m^2=0.3=30%，符合日本建筑标准（答案
正确）。

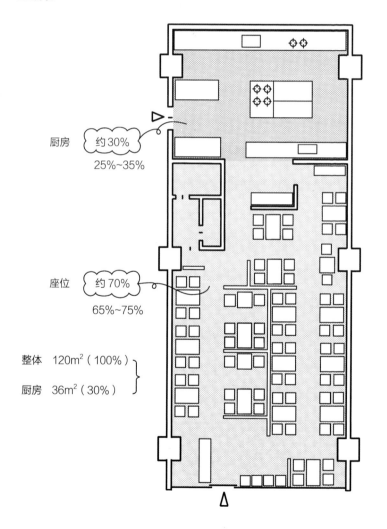

厨房　约30%　25%~35%

座位　约70%　65%~75%

整体　120m^2（100%）

厨房　36m^2（30%）

Q 总面积为 100m^2 的咖啡店，厨房面积为 15m^2。

....

A 较少烹调的咖啡店，厨房面积占总面积的 15%~20%（答案正确）。相对于餐厅厨房面积占总面积的 30%，请记住咖啡店是一半吧。

咖啡店的厨房面积
约占 15% 哦!

厨房约 15%

15%~20%

....

答案 ▶ 正确

Q 美术馆的展厅面积占总建筑面积的 30%~50%。

A 美术馆、博物馆的展厅面积占总建筑面积的 30%~50%（答案正确）。入口大厅、楼道、休息室等公共空间及收藏室也需要比较多的面积。

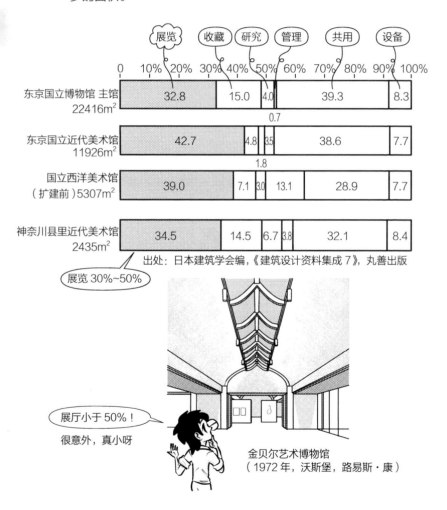

出处：日本建筑学会编，《建筑设计资料集成 7》，丸善出版

展览 30%~50%

展厅小于 50%！

很意外，真小呀

金贝尔艺术博物馆
（1972 年，沃斯堡，路易斯·康）

住宅的收纳空间 房间面积	15%~20% 【 ⇨ 2 ⇨20% 】
写字楼的出租容积率 （占标准层的比例）	75%~85%
写字楼的出租容积率 （占总建筑面积的比例）	65%~75%
商务酒店的客房面积 总建筑面积	约75%
城市酒店的客房面积 总建筑面积	约50%
百货商店的卖场面积 总建筑面积	50%~60%
超市的卖场面积 总建筑面积	60%~65%
餐厅的厨房面积 餐厅的面积	约30%
咖啡店的厨房面积 咖啡店的面积	15%~20%
美术馆的展厅面积 总建筑面积	30%~50%

2

面
积

【 】内是超级记忆术

Q 食寝分离就是基于避开被子上的灰尘等卫生上的原因，将餐厅与卧室分开。

....

A 在叠放被子的房间吃饭，从卫生角度来讲是不好的，日本从战前就提倡"食寝分离"（答案正确）。这成为战后的日本公租房、独立住宅中出现 nDK（译注：日本表现房间格局的形式，D 指餐厅，K 指厨房，n 指家人房间数量）平面的契机。

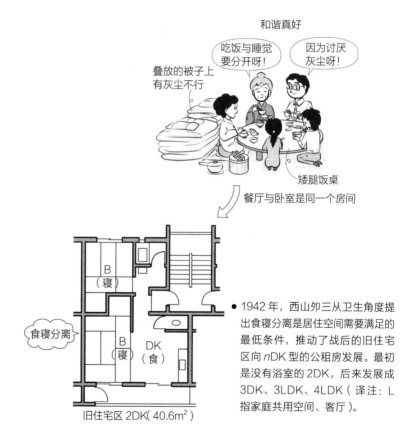

和谐真好

吃饭与睡觉要分开呀！

因为讨厌灰尘呀！

叠放的被子上有灰尘不行

矮腿饭桌

餐厅与卧室是同一个房间

食寝分离

旧住宅区 2DK（40.6m²）

● 1942 年，西山夘三从卫生角度提出食寝分离是居住空间需要满足的最低条件，推动了战后的旧住宅区向 nDK 型的公租房发展。最初是没有浴室的 2DK，后来发展成 3DK、3LDK、4LDK（译注：L 指家庭共用空间、客厅）。

....

参考：日本建筑学会编《建筑设计资料集成　6建筑—生活》，丸善出版，1981年。

....

答案 ▶ 正确

Q 居寝分离是指将客厅等公共空间与卧室等个人空间分开。

A 居寝分离是将父母与孩子的卧室分开,男孩与女孩的卧室分开(答案错误)。设问中讲的是公私分离。

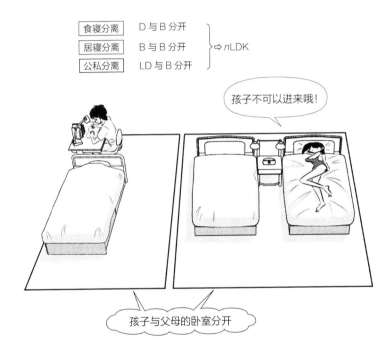

食寝分离　　D 与 B 分开
居寝分离　　B 与 B 分开 ⇨ nLDK
公私分离　　LD 与 B 分开

孩子不可以进来哦!

孩子与父母的卧室分开

3

住宅

● 与 nLDK 的考虑方式相反,日本建筑师战后多次尝试 B、L、D、K 一体化的空间结构,这与由中间楼道、走廊连接的 nLDK 的单调结构形成对比。空间设计多使用天花板、跃层、中庭等,连浴室、厕所都是开放式的。

答案 ▶ 错误

Q 最小住宅就是抽出生活所必需的最小要素，以此进行设计的住宅。

A 在 20 世纪 50 年代，日本建筑师们建造了很多以必需的最小要素做成的最小住宅（答案正确）。与住宅区的 *n*DK 相反，最小住宅追求开放的空间规划。这不仅符合战后因空间狭窄而不得不做成开放式的状况，也适合不以样式表现取胜而重视空间结构的建筑设计。

没有门和楼道！   用分开的墙壁来分割平面

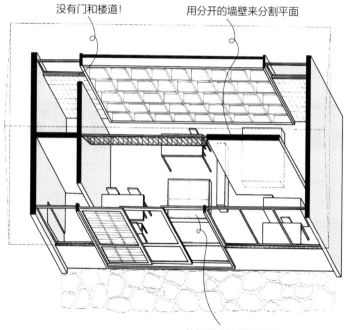

参考:《新建筑》，1954 年 11 月刊。   能够活动的榻榻米板

清家自邸（1954 年，东京，清家清）

● 图中的清家自邸，由独立的没有封闭的箱形空间和立面墙构成，在分割平面的同时，确保了 *XY* 方向的结构墙。没有走廊和门的单人房间，都是开放式设计的优秀实例。关于日本的开放式规划，在《20 世纪住宅：空间构成的比较分析》（鹿岛出版会，1994 年）中有详细叙述。

答案 ▶ 正确

由于设置了挑高，即使在有限的空间使用面积下，也能够使人感到比较宽敞。在挑高设计的最小住宅里，我们能看到很多优秀的作品。

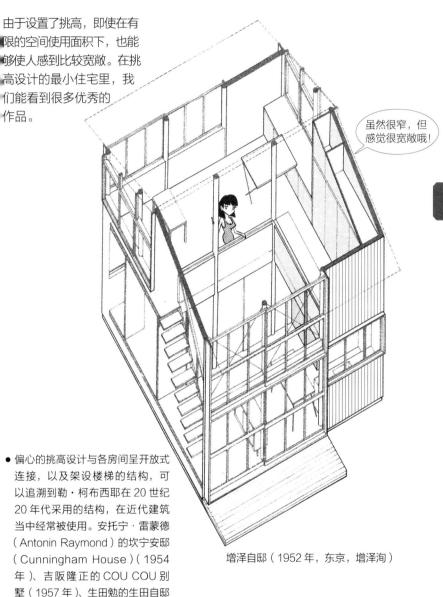

虽然很窄，但感觉很宽敞哦！

3

住宅

● 偏心的挑高设计与各房间呈开放式连接，以及架设楼梯的结构，可以追溯到勒·柯布西耶在 20 世纪 20 年代采用的结构，在近代建筑当中经常被使用。安托宁·雷蒙德（Antonin Raymond）的坎宁安邸（Cunningham House）（1954年）、吉阪隆正的 COU COU 别墅（1957年）、生田勉的生田自邸（1962年）等，都是采用这种设计风格。

增泽自邸（1952年，东京，增泽洵）

参考:《新建筑》，1952年7月刊。

在使用了挑高设计的最小住宅里，有由勒·柯布西耶为匠人设计的住宅规划方案（1924 年）。将正方形进行 45° 切割，一侧挑高，结构简洁明快，给人留下深刻的印象。

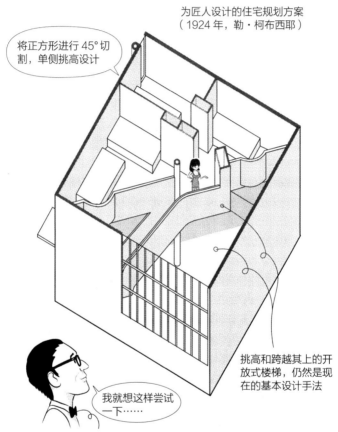

为匠人设计的住宅规划方案
（1924 年，勒·柯布西耶）

将正方形进行 45° 切割，单侧挑高设计

挑高和跨越其上的开放式楼梯，仍然是现在的基本设计手法

我就想这样尝试一下……

勒·柯布西耶
Le Corbusier
（这是其笔名）

前川国男、丹下健三等建筑师争相效仿戴蝴蝶结

参考：W. 博奥席耶（W.Boesiger）编，《勒·柯布西耶》，阿耳特弥斯（Artemis）出版社，1964 年。

Q 以设备为核心的住宅核心规划，可以将外围区域设置为起居室部分。

A 核心就是芯、核。在建筑中，有将厕所、浴室等封闭空间集中在一处的设备核心，或将结构强度集中起来的结构核心。将在住宅的设备核心周围布置起居室等空间的手法运用到极致的是密斯·凡·德·罗设计的范思沃斯住宅（Fansworth House）（答案正确）。

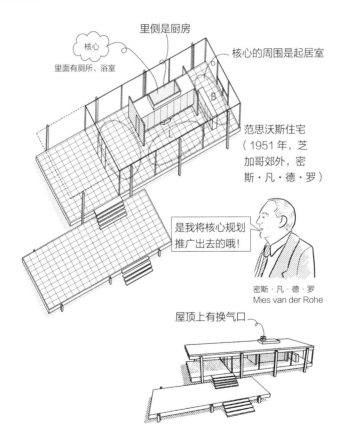

里侧是厨房

核心
里面有厕所、浴室

核心的周围是起居室

范思沃斯住宅
（1951年，芝
加哥郊外，密
斯·凡·德·罗）

是我将核心规划
推广出去的哦！

密斯·凡·德·罗
Mies van der Rohe

屋顶上有换气口

参考:《密斯·凡·德·罗》，A.D.A 艾迪塔塔东京（A.D.A.EDITA TOKYO）出版社，1976年。

答案 ▶ 正确

池边阳设计的 No.20 是在 T 形平面的中央放置核心。改变山形屋顶的高度，设置连通核心的窗户。增泽洵设计的核心式的 H 氏邸（1953 年）、丹下健三设计的丹下自邸（1953 年）、林雅子设计的林自邸（1955 年）等都是核心规划的实例。

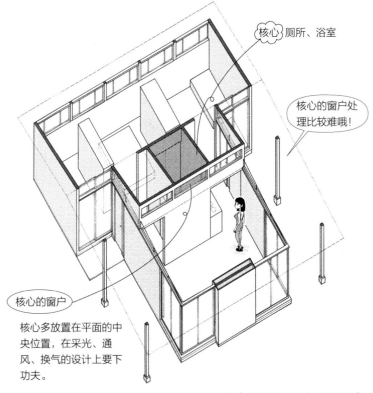

核心 厕所、浴室

核心的窗户处理比较难哦！

核心的窗户
核心多放置在平面的中央位置，在采光、通风、换气的设计上要下功夫。

No.20（1954 年，东京，池边阳）

参考：《新建筑》，1954 年 11 月刊。

Q 带中庭的住宅就是拥有由建筑物或围墙所围出来的中庭空间的住宅。

A court 就是中庭，带中庭的住宅就是内部拥有室外庭院空间的住宅（答案正确）。虽然密斯在 20 世纪 30 年代做了很多带中庭的住宅设计，但笔者认为对近现代的带中庭的住宅影响最深的是勒·柯布西耶的萨伏伊别墅（1931 年）。建筑整体轮廓的一部分被去掉，成为由房间和墙壁包围的中庭，与房间通过大面积玻璃连接。这种设计手法至今仍广泛用于住宅设计中。

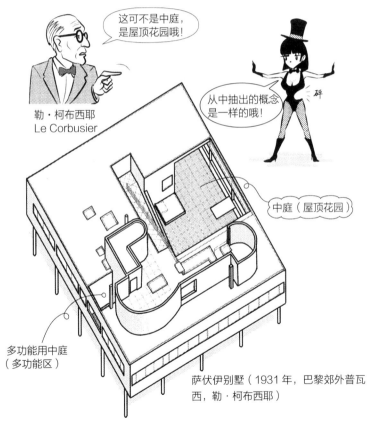

这可不是中庭，是屋顶花园哦！

勒·柯布西耶
Le Corbusier

从中抽出的概念是一样的哦！

中庭（屋顶花园）

多功能用中庭
（多功能区）

萨伏伊别墅（1931 年，巴黎郊外普瓦西，勒·柯布西耶）

参考：W. 博奥席耶（W.Boesiger）编，《勒·柯布西耶》，阿耳特弥斯（Artemis）出版社，1964 年。

答案 ▶ 正确

3

住宅

20世纪60年代，日本建造了很多带中庭的住宅。由西泽文隆设计的"没有正面的家"（1960年）里，等距离排列的梁构成网格，配合网格挖空形成了中庭。外围的墙与其说是屏障，不如说是与建筑融为一体的墙壁。

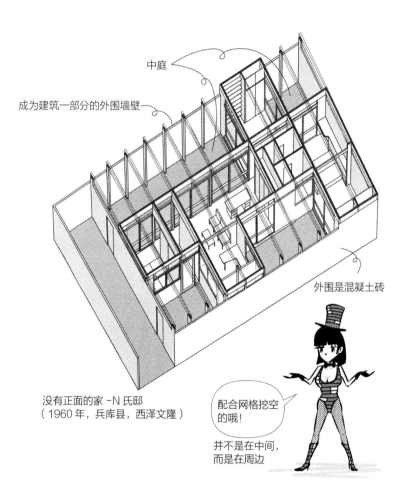

中庭

成为建筑一部分的外围墙壁

外围是混凝土砖

没有正面的家 -N 氏邸
（1960 年，兵库县，西泽文隆）

配合网格挖空
的哦！

并不是在中间，
而是在周边

参考:《新建筑》，1961 年 1 月刊。

Q 1. 住宅中的工作间，是为了能有效率地做家务而设置的。

2. 考虑与工作间的动线，配置多功能区。

A <u>工作间</u>是进行烹饪以外的洗涤、熨烫、记账等家务的房间，与晾晒用的<u>多功能区</u>和厨房等相连，使用起来十分便利（1、2 均正确）。

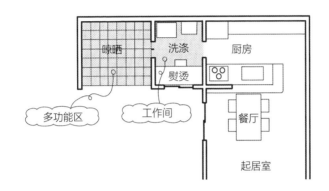

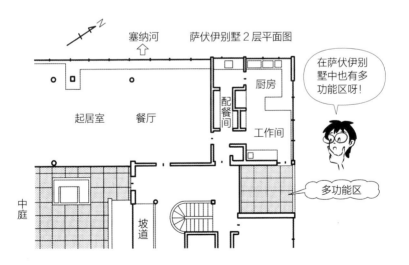

Q 在住宅规划中，为了使地下室能采光和通风，设置采光井，并面向该区域设置开口部位。

A 住宅中的地下室，考虑到采光、通风，<u>采光井是必需的</u>（答案正确）。日本建筑标准法规定，只要满足一定的条件，地下室可以不计入总建筑面积。地下需要做两层墙壁以避免水、湿气进入室内，还必须有排水、排湿气的措施。笔者以前设计的钢筋混凝土结构的住宅，在进行地下工作室的建造过程中，虽然将墙壁做成两层，也安装了换气扇，但还是会有湿气，会发霉，应对得非常辛苦。然而，地下室还是有冬暖夏凉，听不到外界的声音，非常安静，不计入总建筑面积等优点。

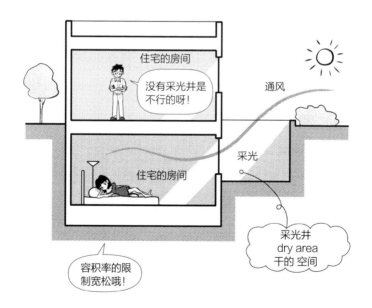

- 地下室面积不超出总地面面积的 1/3，可以不计入总建筑面积。详情请参考《图解建筑法规入门》和《建筑法规超级解读术》(彰国社)。

答案 ▶ 正确

Q 衣帽间就是人能够进出并收纳衣物的大型收纳空间。

A 衣帽间是人能够进入的衣橱（答案正确）。在狭小的日本住宅中做衣帽间比较困难。下图的布劳耶住宅（1951 年）是非常优秀的实例。

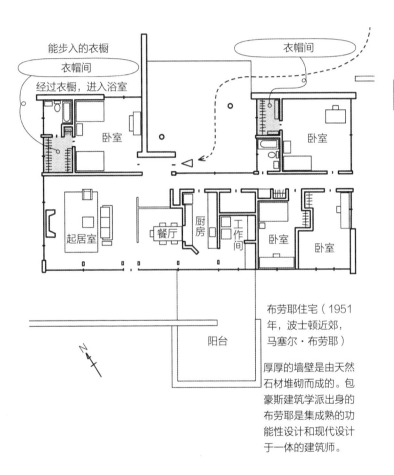

布劳耶住宅（1951年，波士顿近郊，马塞尔·布劳耶）

厚厚的墙壁是由天然石材堆砌而成的。包豪斯建筑学派出身的布劳耶是集成熟的功能性设计和现代设计于一体的建筑师。

参考：日本建筑学会编，《紧凑建筑设计资料集成"住宅"》，丸善出版，1993 年。

Q 为方便一边烹饪,一边与家人、访客对话,将厨房的形式做成岛式。

A 厨房与墙壁分开进行布局,做成岛屿形状,就是岛式厨房。这样的布局是让大家一起享受烹饪、进餐的过程(答案正确)。

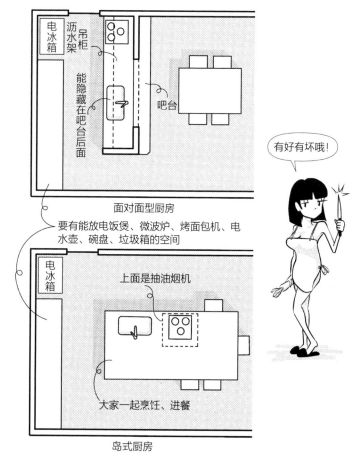

面对面型厨房

要有能放电饭煲、微波炉、烤面包机、电水壶、碗盘、垃圾箱的空间

有好有坏哦!

岛式厨房

● 如果将水槽完全开放,待洗的餐具就不能一直放在里面,不得不时刻保持厨房的整洁,这是岛式厨房不受好评的原因之一。

答案 ▶ 正确

在东孝光设计的粟辻邸（1972 年）中，厨房的水槽与桌面融为一体，呈岛式布置。进行操作的时候，水槽的高度（约 85cm）与桌子的高度（约 70cm）有落差，因此将吧台做成斜面，以消除落差。现在一般使用高脚椅，并将吧台高度做成一致。

粟辻邸（1972 年，东孝光）
参考：《新建筑》，1972 年 2 月刊。

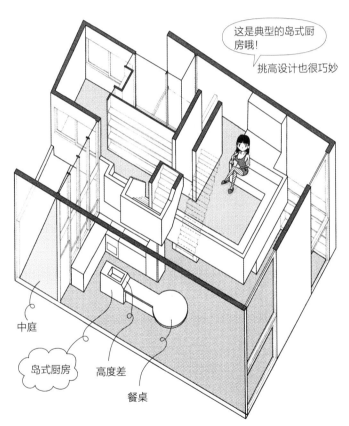

这是典型的岛式厨房哦!

挑高设计也很巧妙

3

住宅

中庭

岛式厨房　高度差

餐桌

● 笔者与东孝光的女儿是大学院时期的同学，因此有幸参观了很多东孝光先生的住宅作品。在粟辻邸等初期作品中，挑高和中庭的结构能令人想起查尔斯·摩尔（Charles Moore）的广场设计，十分秀丽洒脱。

Q 建筑模数协调就是以模数尺度作为基础所制定的尺度体系。

....

A 模数（module）就是标准尺度，模数协调（modular coordination）
就是调整各部分尺寸与标准尺寸相适应。在木结构中，用
910mm 的格栅（格子）竖立柱子和墙壁，910mm 就是模数。
模度体系（modulor system）是勒·柯布西耶创造的尺度体系（答
案错误）。

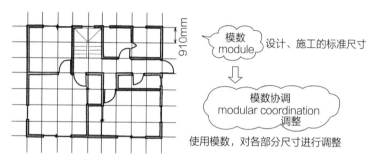

模数
module — 设计、施工的标准尺寸

⬇

模数协调
modular coordination
调整

使用模数，对各部分尺寸进行调整

关于木结构的 3 尺模数，请参考
《图解木结构建筑入门》。

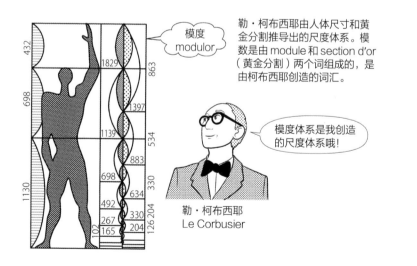

模度
modulor

勒·柯布西耶由人体尺寸和黄
金分割推导出的尺度体系。模
数是由 module 和 section d'or
（黄金分割）两个词组成的，是
由柯布西耶创造的词汇。

模度体系是我创造
的尺度体系哦！

勒·柯布西耶
Le Corbusier

....

答案 ▶ 错误

模数一般由正方形格栅组成。无论大小，<u>双格栅</u>常见于弗兰克·劳埃德·赖特（Frank Lloyd Wright）的早期作品和路易斯·康（Louis Isadore Kahn）的作品中。另外，<u>三角形、六边形、菱形的格栅</u>也被广泛使用。在此列举赖特设计的汉娜住宅（Hanna House、Honeycomb House，1936 年）作为六边形格栅（蜂巢网格）的例子。

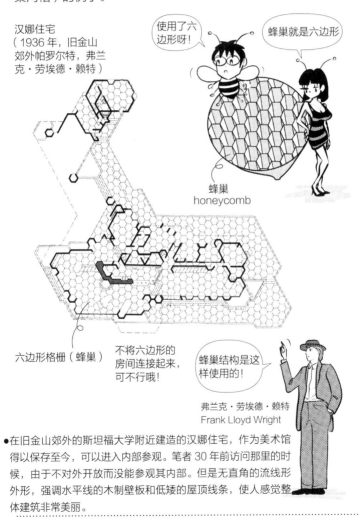

汉娜住宅
（1936 年，旧金山郊外帕罗尔特，弗兰克·劳埃德·赖特）

使用了六边形呀！

蜂巢就是六边形

蜂巢
honeycomb

六边形格栅（蜂巢）

不将六边形的房间连接起来，可不行哦！

蜂巢结构是这样使用的！

弗兰克·劳埃德·赖特
Frank Lloyd Wright

●在旧金山郊外的斯坦福大学附近建造的汉娜住宅，作为美术馆得以保存至今，可以进入内部参观。笔者 30 年前访问那里的时候，由于不对外开放而没能参观其内部。但是无直角的流线形外形，强调水平线的木制壁板和低矮的屋顶线条，使人感觉整体建筑非常美丽。

Q 排屋是指各住户的土地彼此连接，但每户拥有专用庭院。

....

A 整排建筑纵向分隔的栋割长屋称为排屋（terrace house），各户拥有专用庭院和阳台（答案正确），在日本建筑标准法中称为长屋。也就是说，小公寓（apartment）、公寓大楼（mansion）等各住户皆为一层的公寓（flat），按标准法都是共同住宅。

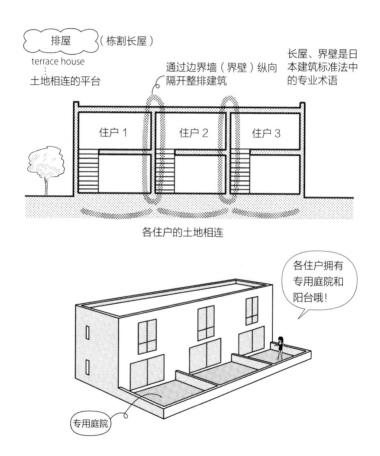

排屋 （栋割长屋）
terrace house
：土地相连的平台

通过边界墙（界壁）纵向隔开整排建筑

长屋、界壁是日本建筑标准法中的专业术语

住户 1　　住户 2　　住户 3

各住户的土地相连

各住户拥有专用庭院和阳台哦！

专用庭院

....

● 拉丁文"terra"是大地的意思，"terrace"就是土地相连的平台。

....

答案 ▶ 正确

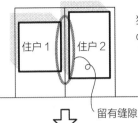

独立住宅
detached house
［不接触的住宅］

小型独立住宅排列起来，形成了缝隙哦！

留有缝隙

双拼住宅
排屋的一种
semi-detached house
（半独立住宅）
19 世纪以后，在英国郊外搭建了很多。

专用庭院

4

集合住宅

排屋
栋割长屋
terrace house

连栋住宅
row house

专用庭院

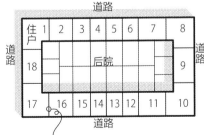

道路

街区由排屋构成

住户 1 2 3 4 5 6 7 8

道路　后院　道路

18　　　　　9

17　16　15　14　13　12　11　10

道路

有 90cm 厚的砖墙，
地板和屋顶为木制

● 排屋诞生于 17 世纪后半叶的英国。18 世纪到 19 世纪是工业革命使人口向城市集中的时期，当时以伦敦为中心，建造了许多排屋。与郊区住宅（country house）相对应，排屋也被称为市内住宅（town house）。市内住宅现在用于拥有共用庭院的连栋住宅（参见 R105）。

18、19 世纪，伦敦建造了许多排屋。排屋是如同独栋住宅那样既确保独立性，又密集的集合住宅。半地下部分作为厨房和佣人房，挖出的土用来铺设道路。隔着采光井，在人行道的下面设置存放煤炭的煤库。打开人行道上的孔盖，就能够从上面放入煤炭。通过人行道上台阶状的桥，可以进入玄关。起居室与人行道由采光井隔开，起到了保护隐私和防盗的作用。

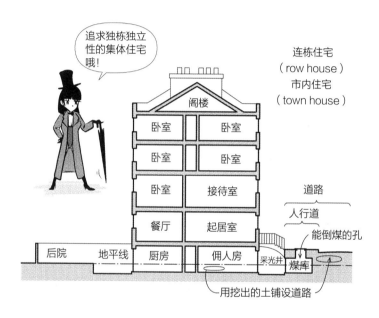

伦敦具有代表性的排屋（18、19 世纪）

排屋实现了保护隐私、通风、接地性等功能，具有与独栋住宅相似的居住性。然而在 19 世纪，在工业区为劳工建造的排屋，住户是背靠背的，没有采光井和后院，居住环境恶劣。

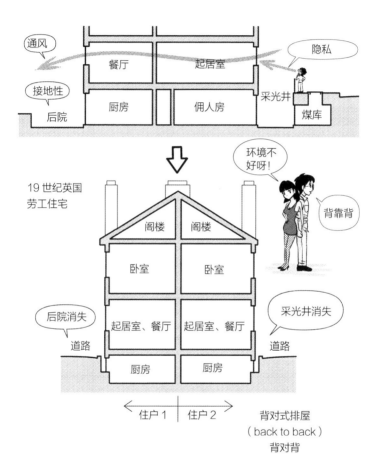

通风

接地性

餐厅　　起居室

隐私

后院　厨房　佣人房　采光井　煤库

19 世纪英国
劳工住宅

环境不
好呀！

背靠背

阁楼　阁楼

卧室　卧室

后院消失

采光井消失

道路　起居室、餐厅　起居室、餐厅　道路

厨房　厨房

住户 1　住户 2

背对式排屋
（back to back）
背对背

4

集合住宅

Q 1. 市内住宅是在接地型连栋住宅中，以共用庭院（共用空间）为中心来配置住户的形式。

2. 共用通路是居住者通过共用庭院进入各住户，促进居住者们相互交流。

A 在接地型连续住宅中，拥有共用庭院的称为<u>市内住宅（town house）</u>（1 正确）。通过共用庭院进入各住户的形式称为<u>共用通路（common access）</u>,这种设计能够促进居住者们相互交流（2 正确）。

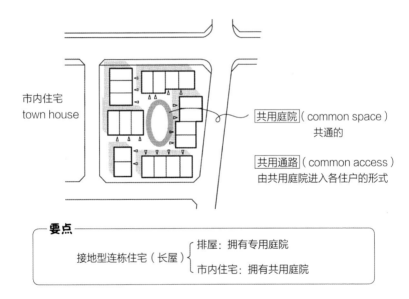

市内住宅
town house

共用庭院（common space）
共通的

共用通路（common access）
由共用庭院进入各住户的形式

要点

接地型连栋住宅（长屋） ｛ 排屋：拥有专用庭院

市内住宅：拥有共用庭院

- "town house"（市内住宅）直译就是"镇上的房子"，是与贵族们经营农场用的郊区住宅（country house）相对的名称。现在也有将排屋、公寓称为市内住宅的。在日本的建筑规划中，正如上面所述，将排屋与市内住宅进行区分。一层、二层是不同住户，从外部楼梯直接进入各住户的形式（叠排长屋），在广义上讲也算作排屋、市内住宅。

Q 町屋就是在纵深很长的基地上，由入口向里，面向过道庭院配置各屋，是传统的住宅形式。

A 在日本京都、大阪多见江户时代的町屋，在正面很窄、纵深很长的基地上进行分割，房间都面向通往深处的细长的穿行通道，克服基地的不利条件（答案正确）。与邻屋只隔了一面墙的町屋，也是连栋住宅的一种。

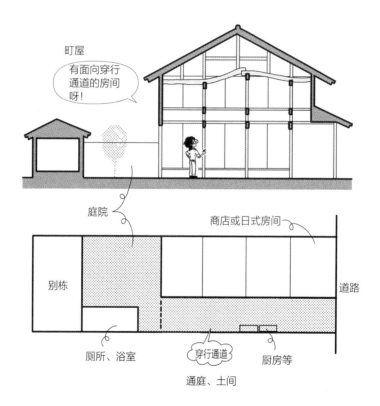

町屋

有面向穿行通道的房间呀！

庭院

商店或日式房间

别栋

道路

厕所、浴室

穿行通道

厨房等

通庭、土间

● 日本法令中，将町屋和排屋归为"长屋"。町屋直译是市内住宅，而在建筑规划中提到的市内住宅，是指拥有共用庭院的住宅（参见 R105）。

答案 ▶ 正确

Q 共同住宅与排屋、市内住宅相比，土地使用密度高，除去最下面一层，成为非接地型住宅。

A 一般像小公寓、公寓大楼那样，住户多层居住的类型，称为共同住宅。不能像连栋住宅（长屋）那样具有接地性和独立性，同时存在楼上噪声的问题（答案正确）。

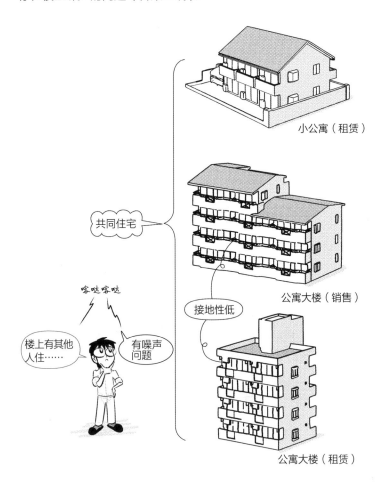

小公寓（租赁）

共同住宅

公寓大楼（销售）

喀哒喀哒

接地性低

楼上有其他人住……

有噪声问题

公寓大楼（租赁）

答案 ▶ 正确

Q 单侧楼道型集合住宅，各住户的居住性均一，但在共用的楼道侧设置房间，不容易确保房间的隐私。

A 很多集合住宅是在北侧设置外廊的单侧楼道型。北侧房间的窗户设置在楼道侧，起到采光、换气、通风的效果。因此，不容易确保隐私（答案正确）。

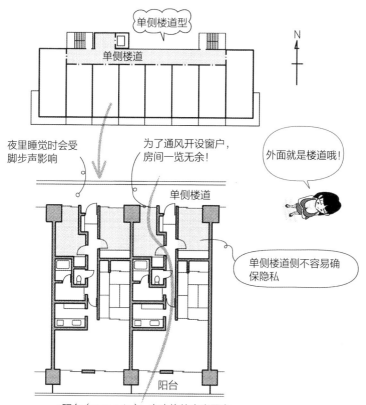

阳台（veranda）：有房檐的突出平台

露台（balcony）：没有房檐的突出平台

屋顶露台（roof balcony, roof terrace）：屋顶上的露台式平台

露台（terrace）：地面上的平台
阳台和露台会混用。

4

集合住宅

Q 在集合住宅中，为了避免妨碍共用楼道的通行，各住户的玄关前
都设置了凹室。

A 从共用楼道直接进入住户的玄关时，住户与共用部分邻接且太近，
向外开的门会阻碍通行。将墙壁向内凹做成凹室（alcove）的形
式，除拉开了共用部分与住户的距离外，向外开的门也不会成为
障碍了（答案正确）。

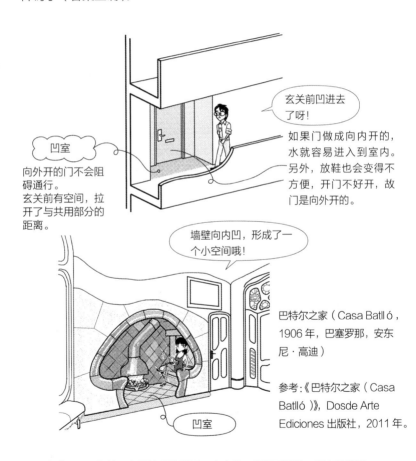

玄关前凹进去
了呀!

凹室

向外开的门不会阻
碍通行。
玄关前有空间，拉
开了与共用部分的
距离。

如果门做成向内开的，
水就容易进入到室内。
另外，放鞋也会变得不
方便，开门不好开，故
门是向外开的。

墙壁向内凹，形成了一
个小空间哦!

巴特尔之家（Casa Batlló，
1906 年，巴塞罗那，安东
尼·高迪）

参考:《巴特尔之家（Casa
Batlló）》，Dosde Arte
Ediciones 出版社，2011 年。

凹室

● 凹室（alcove）的原意是墙面的拱形、穹窿状、半圆形凹陷。现在是墙面
凹陷的小空间的总称。

答案 ▶ 正确

Q 在客厅出入型共同住宅中，一般有意识地将各住户的风貌积极地对外表现，在共用楼道侧设置客厅、餐厅等。

....

A 如果是北侧单侧楼道，玄关总是给人以后门的印象。如果是南侧单侧楼道，从 LD（即客厅、餐厅）侧进入的<u>客厅出入型</u>，则可以将生活氛围在共用楼道侧表现出来。为了确保隐私，会采取让地板高过共用楼道、在房间内设置挑高等措施（答案正确）。

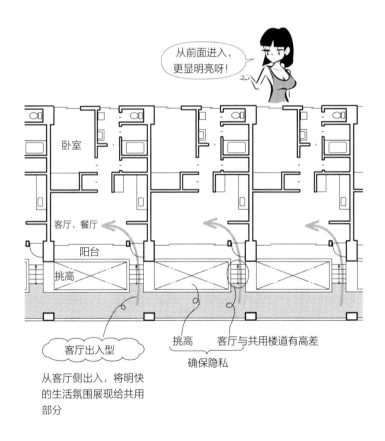

从前面进入，更显明亮呀！

卧室

客厅、餐厅

阳台

挑高

客厅出入型

从客厅侧出入，将明快
的生活氛围展现给共用
部分

挑高　　客厅与共用楼道有高差

确保隐私

4

集合住宅

....

答案 ▶ 正确

Q 楼梯间型与单侧楼道型相比，更容易确保北侧房间的隐私。

A 走上楼梯，然后分左右两侧进入的楼梯间型，由于北侧没有楼道，所以更容易确保北侧房间的隐私（答案正确）。由于 1 层的居室高出半层楼，所以住户站在室内地面上的视线较高，从外面不容易看到房间里面的情况。

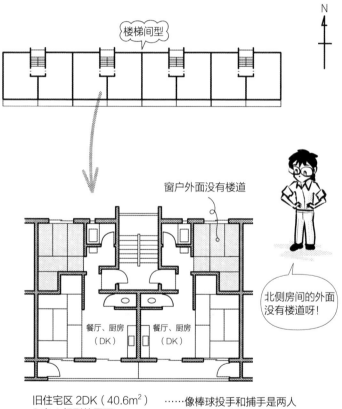

旧住宅区 2DK（40.6m²）
2 户 1 组型的平面
1 层 2 户

……像棒球投手和捕手是两人一组，被称为 battery。

参考：日本建筑学会编，《建筑设计资料集成 6　建筑—生活》，丸善出版，1981 年。

答案 ▶ 正确

Q 单侧楼道型与楼梯间型相比，每部电梯对应更多住户数。

A 在一层 8 户的 5 层共同住宅中，计算每部电梯所对应的住户数：单侧楼道型的每部电梯对应 40 户（如果设置两部电梯，就是 20 户），楼梯间型的每部电梯对应 10 户。单侧楼道连接多个住户的单侧楼道型，每部电梯对应较多住户数（答案正确）。

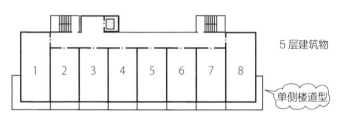

- 一部电梯　8 户 ×5 层 =40 户
- 设置两部电梯

　一部电梯　$\dfrac{8\ 户\ \times 5\ 层}{2}=20$ 户

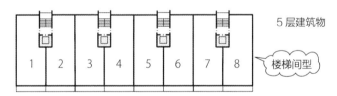

- 一部电梯　2 户 ×5 层 =10 户

楼梯间型的电梯使用效率不高呀！

4

集合住宅

Q 跃层型不通过共用楼道，住户可以通过两个方向与外界连接。

A 跃层型（skip floor）如图所示，每隔几层建造共用楼道，上下楼层通过楼梯出入，是单侧楼道型和楼梯间型的组合形式。缺点是有升降电梯无法停靠的楼层，优点是通过楼梯入户的北侧居室不会有共用楼道，可设置开口，可减小共用部分面积（答案正确）。

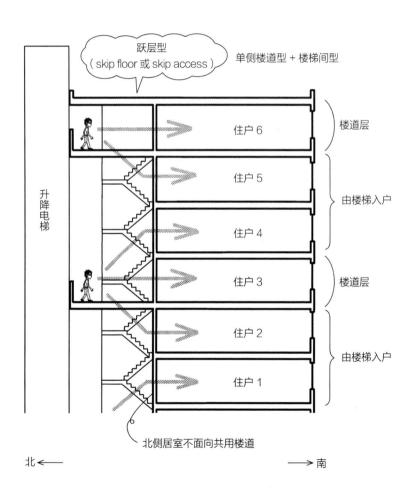

Q 跃层型从电梯到各住户的动线会变长。

A 跃层型，住户使用楼梯进入室内的动线长，拿着东西上下楼梯比较不方便（答案正确）。
东京晴海高层公寓（1958年）就是巨大的跃层型共同住宅（169户）。钢筋混凝土和伸出的阳台造型、复杂的出入方式，让人联想到勒·柯布西耶的马赛公寓大楼。

单侧楼道型
3、6、9层

楼梯间型
4、5、7、8、10层

单侧楼道

单侧楼道

单侧楼道

单侧楼道

楼梯间

一个单元为3层6户

平面图

晴海高层公寓（1958年，1997年拆除，前川国男）

参考：日本建筑学会编，《建筑设计资料集成（居住）》，丸善出版，2001年。

答案 ▶ 正确

4

集合住宅

Q 中间楼道型的住宅多以南北轴进行配置。

....

A 在中间楼道型中，如果住宅以东西轴进行配置，一半的住户都会在北侧，而以南北轴进行配置，住户一般都在东西侧（答案正确）。

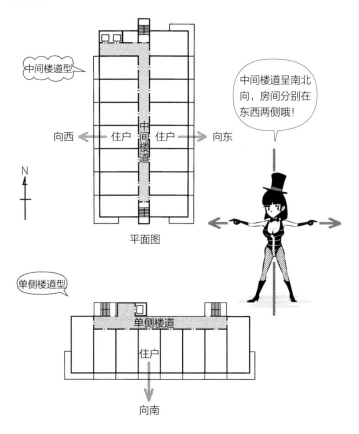

中间楼道型

中间楼道呈南北向，房间分别在东西两侧哦！

向西 ← 住户 | 中间楼道 | 住户 → 向东

N

平面图

单侧楼道型

单侧楼道

住户

向南

....

● 勒·柯布西耶的马赛公寓大楼，整栋建筑以南北为轴，房间分别面向东西两个方向。对一位住户进行采访，他对窗户不是向南的，而是向东西方向的设计并没有抵触情绪。除了地中海沿岸气候干燥这一要素，设计成复式公寓（maisonette），让各住户都拥有面向东西两个方向的窗户，能够感受到建筑师所下的功夫（参见下一页）。

....

答案 ▶ 正确

中间楼道型的缺点是窗户只能朝向东和西两个方向。而勒·柯布西耶的马赛公寓大楼通过交错组合的复式公寓（跨楼层公寓），使每户都能够拥有东西两个方向的窗户。为了解决正面宽度的狭窄问题，在窗边设有挑高。

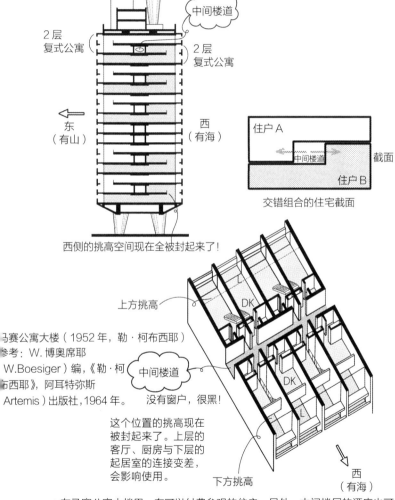

2 层复式公寓

中间楼道

2 层复式公寓

东（有山）

西（有海）

住户 A

中间楼道　　截面

住户 B

交错组合的住宅截面

西侧的挑高空间现在全被封起来了！

上方挑高

DK

马赛公寓大楼（1952 年，勒·柯布西耶）
参考：W. 博奥席耶
（W.Boesiger）编，《勒·柯布西耶》，阿耳特弥斯（Artemis）出版社，1964 年。

中间楼道

没有窗户，很黑！

DK

这个位置的挑高现在被封起来了。上层的客厅、厨房与下层的起居室的连接变差，会影响使用。

下方挑高

西（有海）

● 在马赛公寓大楼里，有可以付费参观的住户。另外，中间楼层的酒店也可以提供住宿。

4

集合住宅

Q 中间楼道型与楼梯间型相比，一般很难确保通风和日照。

....

A 对于中间楼道型，风很难通过中间楼道，通风比较差。房间朝向东西两侧，日照也不会很好（答案正确）。对于<u>楼梯间型</u>，日照、通风、北侧房间的隐私性都能做到良好。

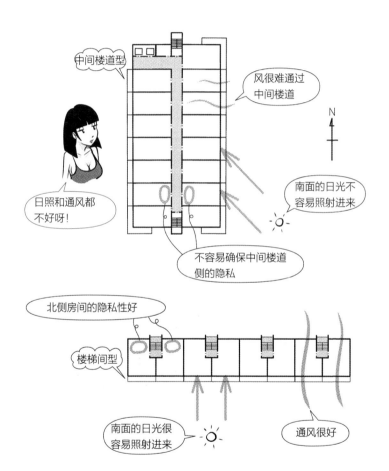

....

Q 1. 双楼道型是指主要的两个楼道呈直角交叉的平面型。

2. 双楼道型与中间楼道型相比，更容易通风和换气。

....

A 双楼道型（双走廊型）是楼道平行排列，中间与外部连通的形式（1 错误）。与中间楼道型不同，内侧也与外部连通，空气容易流通（2 正确）。

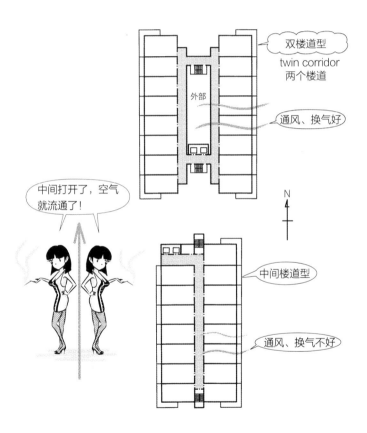

双楼道型
twin corridor
两个楼道

外部

通风、换气好

中间打开了，空气就流通了！

中间楼道型

通风、换气不好

N

4
集合住宅

....

答案 ▶ **1.** 错误 **2.** 正确

Q 1. 集中型与单侧楼道型相比，能够减少楼道等共用部分的面积。

   2. 点状住宅是以楼梯、电梯为中心，周围布置住户的塔状集合住宅。

....

A 将住户集中布置在共用楼梯、共用电梯的周围，是**集中型**。相对于板楼这种大型住宅楼，塔楼呈点状分布，也称为<u>点状住宅</u>（point house）。呈星状配置时，也称为星形住宅（start house）。外观呈塔状的，也称为<u>塔状住宅</u>（2 正确）。共用楼道与单侧楼道相比要短，共用部分的面积能够做到很小（1 正确）。但缺点是朝南住户数量少，避难时会向中央集中等。

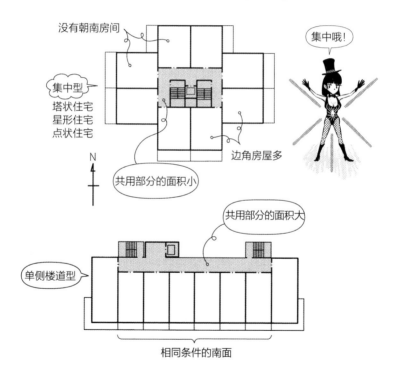

没有朝南房间

集中哦！

集中型
塔状住宅
星形住宅
点状住宅

N

共用部分的面积小

边角房屋多

共用部分的面积大

单侧楼道型

相同条件的南面

....

Q 集中型与单侧楼道型相比，更容易实现避难设计。

A 围绕共用楼梯配置的集中型，很难规划朝两个方向避难（答案错误）。在单侧楼道型的楼道的东西端设置共用楼梯，容易实现两个方向的避难。

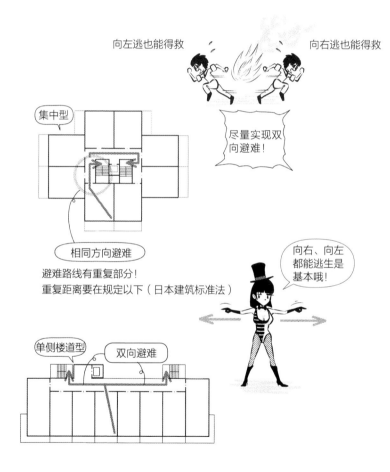

向左逃也能得救

向右逃也能得救

集中型

尽量实现双向避难！

相同方向避难

避难路线有重复部分！
重复距离要在规定以下（日本建筑标准法）

向右、向左都能逃生是基本哦！

单侧楼道型 双向避难

4

集合住宅

Q 复式公寓型是每户由两层以上构成的住宅形式，专用面积小的住宅不适用。

....

A 住宅只有一层构成的是平层型，两层以上构成的是复式公寓型。复式公寓型必须在住宅内设置楼梯，小型住宅并不适用（答案正确）。在复式公寓型中，没有共用楼道的楼层更容易确保北侧房间的隐私。

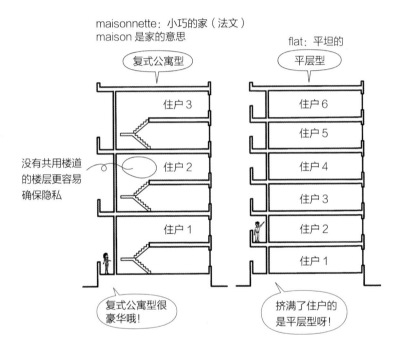

maisonnette：小巧的家（法文）
maison 是家的意思

flat：平坦的

复式公寓型

平层型

住户 3

住户 6

住户 5

没有共用楼道的楼层更容易确保隐私

住户 2

住户 4

住户 3

住户 1

住户 2

住户 1

复式公寓型很豪华哦!

挤满了住户的是平层型呀!

....

答案 ▶ 正确

Q 复式公寓型与平层型相比，共用部分的通道面积能够做到很少。

....

A 复式公寓型与跃层型一样，可以隔一两层才设置共用楼道，与单侧楼道型等平层型相比，共用部分的面积能够做到很少（答案正确）。

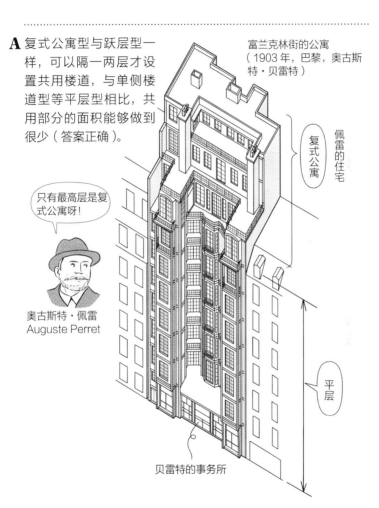

富兰克林街的公寓
（1903 年，巴黎，奥古斯特·贝雷特）

复式公寓

佩雷的住宅

只有最高层是复式公寓呀！

奥古斯特·佩雷
Auguste Perret

平层

贝雷特的事务所

4

集合住宅

● 由钢筋混凝土建造的都市型集合住宅中，比较有名的是奥古斯特·佩雷设计的富兰克林街的公寓（1903 年）。建筑的一层是自己的事务所，最上层是自己的住宅，其他楼层作为公寓向外出租。佩雷还是一名不动产经营者。从埃菲尔铁塔的观景点夏约宫的阳台步行 5 分钟左右，就能到达这座公寓楼。这座已建成一个多世纪的建筑，一直被人精心维护。巴黎老街道中的集合住宅，很少有像伦敦那样的排屋，基本都是平层型的。

....

答案 ▶ 正确

Q 合作住宅是将希望入住住宅的人集合起来成立合作社，从规划、设计到入住、管理，都一起协同运作的住宅。

A 成立合作社（cooperative），协作进行购买土地、规划、设计、施工、入住、管理，这样建成的共同住宅称为合作住宅（答案正确）。

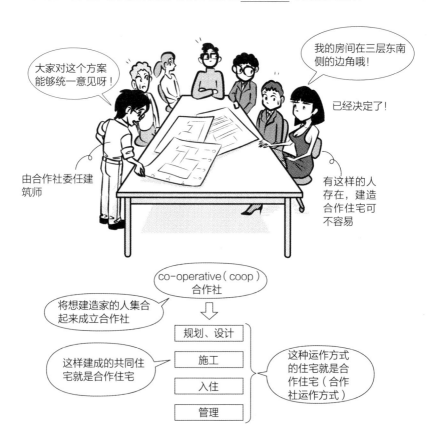

答案 ▶ 正确

Q 集体住宅是尊重每个人的隐私，共同分担育儿、家务等工作，将互相扶持和帮助的服务与住宅相结合的方式。

A 集体住宅（collective house）直译就是"共同的家"，拥有共用的厨房、共用的餐厅、共用的洗漱室、共用的育儿室等共用空间的共同住宅。集体住宅是源自北欧，以双职工家庭、单亲妈妈、单身高龄者等为主体，构想出来的互相帮助、共同生活的场所（答案正确）。

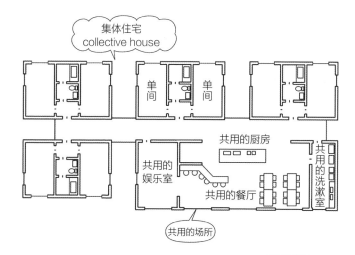

- 因为合作住宅、集体住宅容易混淆，从"生协"（生活协同组合）中熟悉的"coop"记住"合作"住宅吧。

通过"coop"记住哦！

> **要点**
>
> 合作住宅：通过合作社建造
> co-operative "coop"
>
> 集体住宅：有共同的场所
> collective

4

集合住宅

Q SI 工法是将主体结构、共用设备部分，与住户专用的内装和设备部分分开，以提高房屋的耐久性、更新性及可变性的方式。

A 结构体（skeleton）由专业人员制作，确定入住者后，再按照入住者的要求进行装修，设计施工设备（infill），这种分两个阶段的供给方式，就是 <u>SI 工法</u>（答案正确）。

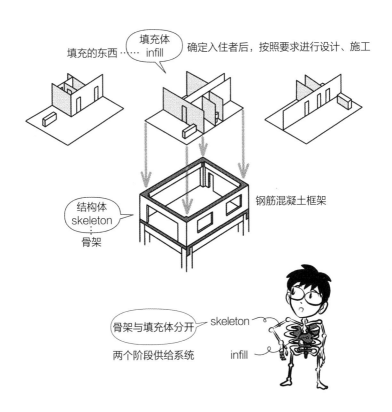

填充的东西⋯　填充体 infill　确定入住者后，按照要求进行设计、施工

结构体 skeleton 骨架　钢筋混凝土框架

骨架与填充体分开　skeleton

两个阶段供给系统　infill

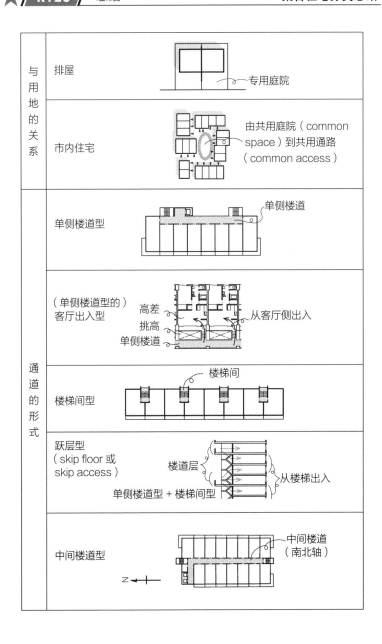

与用地的关系	排屋	专用庭院
	市内住宅	由共用庭院（common space）到共用通路（common access）
通道的形式	单侧楼道型	单侧楼道
	（单侧楼道型的）客厅出入型	高差 挑高 单侧楼道 从客厅侧出入
	楼梯间型	楼梯间
	跃层型（skip floor 或 skip access）	楼道层 从楼梯出入 单侧楼道型 + 楼梯间型
	中间楼道型	中间楼道（南北轴）

4

集合住宅

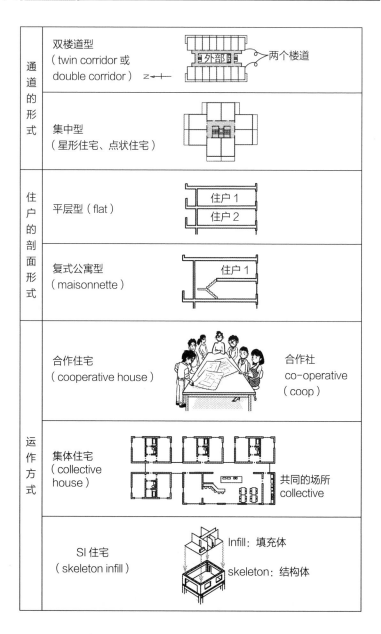

通道的形式	双楼道型（twin corridor 或 double corridor）	外部　　两个楼道
	集中型（星形住宅、点状住宅）	
住户的剖面形式	平层型（flat）	住户1　住户2
	复式公寓型（maisonnette）	住户1
运作方式	合作住宅（cooperative house）	合作社 co-operative（coop）
	集体住宅（collective house）	共同的场所 collective
	SI 住宅（skeleton infill）	Infill：填充体　skeleton：结构体

Q 考虑到房间宽度狭窄、进深长的住户的舒适性，设置采光井。

A 采光井（light well），直译就是"光的井"，是引入光线和空气的
井状小型中庭（court），也称为光庭（light court），是和式坪庭
的现代版。有利于里侧的房间、厕所、浴室、厨房、楼梯间等采光、
换气、通风（答案正确）。

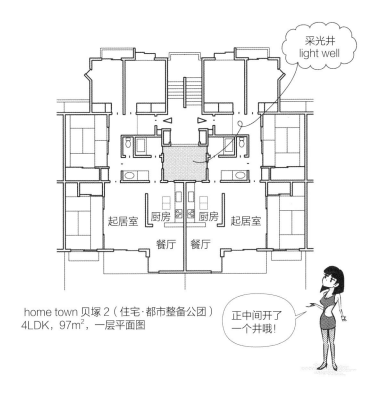

采光井
light well

home town 贝塚 2（住宅·都市整备公团）
4LDK，97m²，一层平面图

正中间开了
一个井哦！

参考：日本建筑学会编，《紧凑型设计资料集成（住宅）》，丸善出版，1991 年。

答案 ▶ 正确

4

集合住宅

Q 生活阳台就是作为起居室的延长而建造出来的大型阳台。

....

A 在进深 1m 左右的阳台中，只能晾晒衣物、被褥，或者放置空调室外机。如果做到 2~3m，就能够作为半户外的起居室，这样的阳台被称为生活阳台（living balcony）。需要注意遮蔽来自外面和邻居的视线（答案正确）。

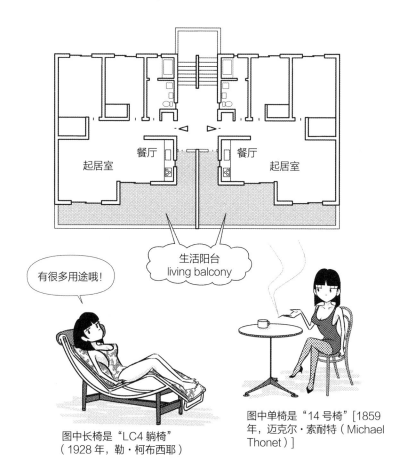

起居室　　餐厅　　　　餐厅　　起居室

生活阳台
living balcony

有很多用途哦！

图中长椅是"LC4 躺椅"
（1928 年，勒·柯布西耶）

图中单椅是"14 号椅"[1859
年，迈克尔·索耐特（Michael
Thonet）]

....

答案 ▶ 正确

勒·柯布西耶设计的"别墅大楼"的住宅阳台是被 L 形两层挑高
所包围的巨大空间。与马赛公寓大楼一样，建筑以南北方向为轴，
房间朝向为东西方向。

别墅大楼计划
（1922 年，勒·柯布西耶）

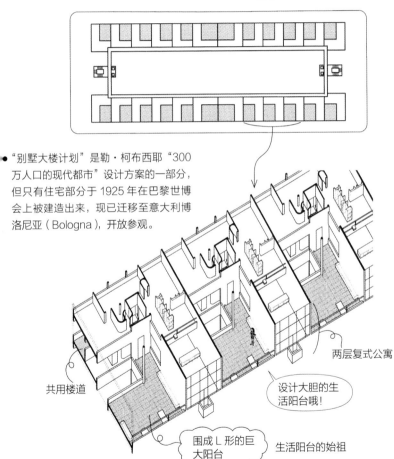

● "别墅大楼计划"是勒·柯布西耶"300
万人口的现代都市"设计方案的一部分，
但只有住宅部分于 1925 年在巴黎世博
会上被建造出来，现已迁移至意大利博
洛尼亚（Bologna），开放参观。

4

集合住宅

两层复式公寓

设计大胆的生
活阳台哦！

共用楼道

围成 L 形的巨
大阳台　　生活阳台的始祖

Q 群落生境就是野生生物的栖息空间，复原生物能够栖息的水域等自然环境。

A 将生物（bio）的栖息场所（希腊语"topos"为"地点"之意）复原为接近自然形态的水域或其周围的绿地等，称为<u>群落生境</u>（biotope）（答案正确）。可在大型集合住宅的公共场所建造这样的环境。

bio 生物 +topos 场所 ⇨ 群落生境 biotope

草

砂石
土

水草

建造接近自然形态的环境哦！

不做混凝土的护坡

答案 ▶ 正确

Q 无障碍设计是比通用设计更为广泛的概念。

A 无障碍（barrier free）是指消除障碍。无障碍设计是在集合住宅中，将共用玄关前的台阶做成坡道，配置升降电梯，消除住户玄关的台阶（参见 R042）等。通用设计（universal design）是所有人都可以使用的设计，比无障碍更为广义（答案错误）。

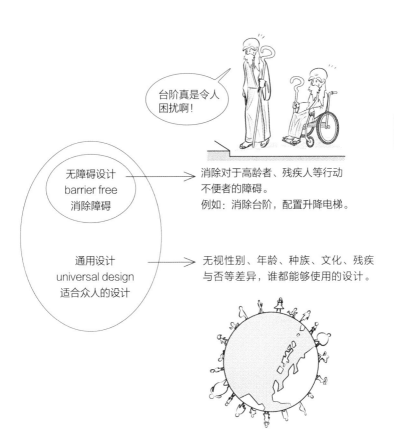

4
集合住宅

Q 集合住宅的钢筋混凝土阳台，能够有效阻止从下层而来的火势蔓延。

A 住宅的楼板、墙壁规划了防火区域，如果阳台、屋檐、翼墙（wing wall）的突出部分、上下窗户间的墙壁（spandrel）等也有防火区域，火势则不容易蔓延（答案正确）。在日本建筑标准法中，为了防止火势蔓延，规定了住户间的窗与窗的间隔、屋檐突出的尺寸等。

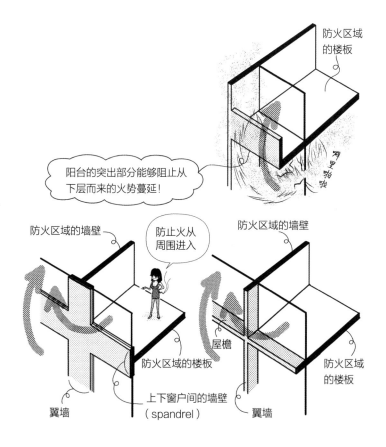

答案 ▶ 正确

Q 考虑到集合住宅发生火灾时向两个方向避难，每个住宅应配置阳台。

A 如图所示，设置具有避难功能的阳台，就算只有一个楼梯，也能够向两个方向避难（答案正确）。

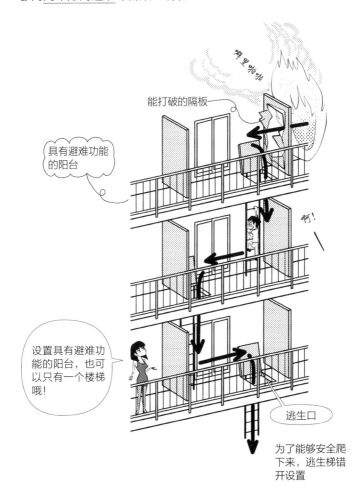

Q 在阳台的扶手上设置栅栏时，应该设置孩子的脚无法攀爬的纵向栅栏，栅栏间距内部尺寸在 11cm 以下。

A

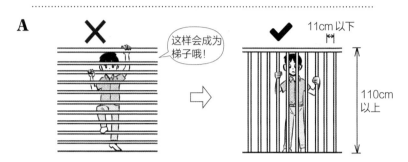

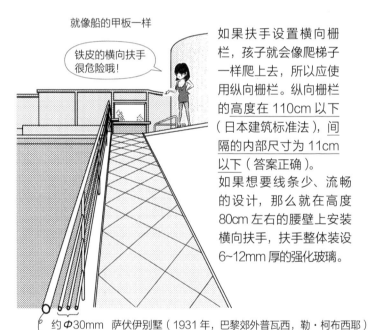

就像船的甲板一样

铁皮的横向扶手很危险哦！

如果扶手设置横向栅栏，孩子就会像爬梯子一样爬上去，所以应使用纵向栅栏。纵向栅栏的高度在 110cm 以下（日本建筑标准法），间隔的内部尺寸为 11cm 以下（答案正确）。

如果想要线条少、流畅的设计，那么就在高度 80cm 左右的腰壁上安装横向扶手，扶手整体装设 6~12mm 厚的强化玻璃。

约 Φ30mm 萨伏伊别墅（1931 年，巴黎郊外普瓦西，勒·柯布西耶）
约 Φ45mm 通往 3 层的坡道扶手直径尺寸为现场实际勘测

答案 ▶ 正确

Q 在出租办公室中：

　　1. 楼层出租是指以层为单位的租赁形式。

　　2. 隔间出租与区域出租相比，非收益部分的面积变小。

A 将楼层整体向一家企业出租的是<u>楼层出租</u>（1正确），将楼层分割为几个区域进行出租的是<u>区域出租</u>，分割成隔间进行出租的是<u>隔间出租</u>。分割成隔间进行出租，共用楼道（非收益部分）的面积较大（2错误）。另外，将建筑物整体进行出租的是<u>整栋出租（全楼层出租）</u>。

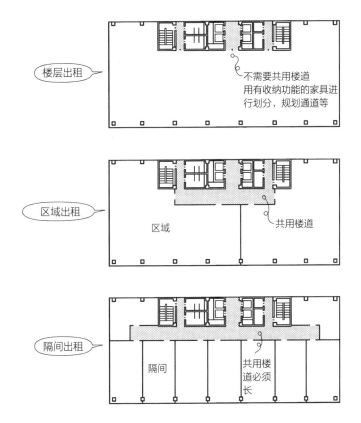

楼层出租

　不需要共用楼道
　用有收纳功能的家具进
　行划分，规划通道等

区域出租

区域　　　　　　　共用楼道

隔间出租

隔间　　　　　共用楼道必须长

5

办公楼

答案 ▶ **1.** 正确　**2.** 错误

Q 在出租办公室中：
   1. 出租容积率是收益部分的楼板面积与非收益部分的楼板面积的比值。
   2. 总建筑面积的出租容积率，一般为 65%~75%。
   3. 标准层的出租容积率，一般为 75%~85%。

....

A 让我们来复习一下出租容积率（参见 R074~R075）。能够出租的楼板面积，占总楼板面积的比值就是出租容积率，是出租建筑物的重要指标。总楼板面积是相对于标准层（标准的平面楼层）而言，还是相对于建筑物的总建筑面积而言，有 10% 左右的差异。办公大楼的出租容积率，对于总建筑面积为 65%~75%，对于标准层为 75%~85%（1 错误，2、3 正确）。出租容积率的分母是标准层的楼板面积，还是总建筑面积，会有 10% 的差异。

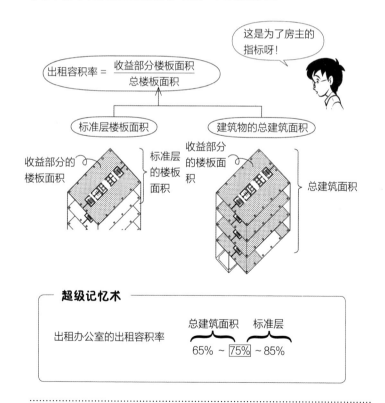

....

答案 ▶ **1.** 错误 **2.** 正确 **3.** 正确

Q 设备层是指集中放置电气、空调机械等相关设备的楼层。

A 大型办公大楼的设备空间会很大，一般将地下楼层作为设备层，集中放置设备（答案正确）。高层建筑物也有将中间楼层作为设备层的。

Q 在办公大楼的规划中，使用模数化分割，能够实现办公空间的标准化、合理化。

A 用模数（标准尺寸）将平面分割，并与柱体、墙壁等结合起来，能够实现标准化、合理化，被称为模数化分割、模数协调等（答案正确）。在办公大楼中，经常会用到 3.2m、3.6m 等模数。照明器具、空调的出风口和回风口等与模数相结合的吊顶系统的成品也很多。地下停车场的柱虽然会加宽，但如果是 3.2m 或 3.6m 的模数，还是可以容纳进去的。

大型办公大楼平面图

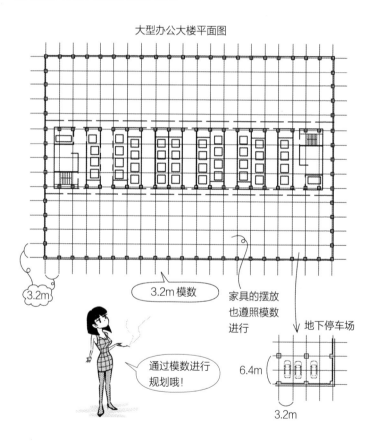

3.2m

3.2m 模数

家具的摆放也遵照模数进行

地下停车场

6.4m

3.2m

通过模数进行规划哦！

答案 ▶ 正确

Q 办公大楼的模数，除考虑结构、美学设计外，还由各种各样的设备机器的配置决定。

A 如图所示，按模数布局的照明、空调、自动喷淋灭火装置等的<u>吊顶系统</u>，多被大型办公大楼所采用（答案正确）。

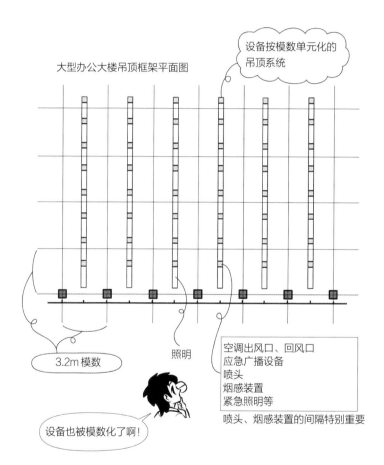

大型办公大楼吊顶框架平面图

设备按模数单元化的吊顶系统

3.2m 模数

照明

空调出风口、回风口
应急广播设备
喷头
烟感装置
紧急照明等

喷头、烟感装置的间隔特别重要

设备也被模数化了啊！

5

办公楼

Q 在大型办公大楼中，如果家具的摆放也遵照模数进行，就能够实现办公空间的标准化、合理化。

A 如果家具摆放也遵照模数进行，那么与设备的结合能够更加合理和便利（答案正确）。家具制造商有时也提供摆放范例。

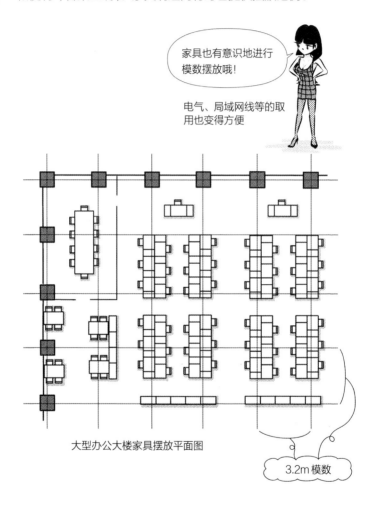

家具也有意识地进行模数摆放哦！

电气、局域网线等的取用也变得方便

大型办公大楼家具摆放平面图

3.2m 模数

Q 在办公大楼的规划中：

1. 核心系统是指升降电梯、楼梯、厕所、开水间等，垂直动线和
设备部分向一个场所进行集中的方式。

2. 开水间、洗漱室及厕所的管道必须连通上下楼层，在各层平面
上也是位于同一个位置。

A 在大型办公大楼中，将升降电梯、楼梯的垂直动线，以及厕所
等与水相关的设备集中作为核心，是普遍采用的规划方法（1 正
确）。管道井（pipe shaft）也要集中起来，在垂直方向上连通水、
空气的管道。有水管的房间设置在管道间旁边，因此这些房间多
数在上下楼层的同一个位置（2 正确）。

芯

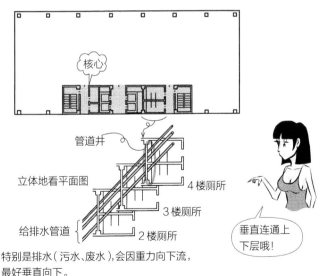

核心

管道井

立体地看平面图

4 楼厕所

3 楼厕所

给排水管道

2 楼厕所

垂直连通上
下层哦！

特别是排水（污水、废水），会因重力向下流，
最好垂直向下。

5

办公楼

Q 如图 A、图 B 所示办公大楼的核心规划，请就 1、2 的叙述做出正误判断。

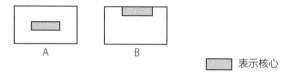

A   B

▨ 表示核心

1. A 的结构规划是比较理想的，在高层建筑物中使用。
2. B 用在楼板面积比较小的低层、中层建筑物中。

A 像 A 一样的<u>中央核心</u>，墙壁比较多的坚固核心位于正中央，水平方向和垂直方向对称，在结构上更有利。在中央核心的基础上偏移的<u>偏心核心</u> B，常用在中小规模、中低楼层的办公楼中。中央核心、偏心核心的规划，使核心到出租房间之间的共用楼道变短，出租容积率佳（1、2 均正确）。

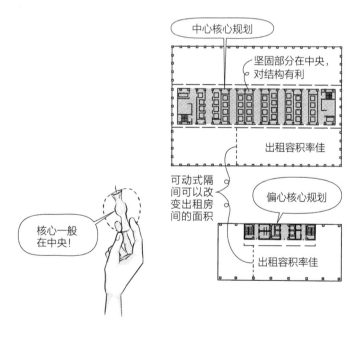

中心核心规划

坚固部分在中央，对结构有利

出租容积率佳

可动式隔间可以改变出租房间的面积

偏心核心规划

出租容积率佳

核心一般在中央！

Q 如图 A、图 B 所示办公大楼的核心规划，请就 1、2 的叙述做出正误判断。

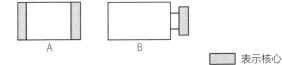

A   B

▨ 表示核心

1. A 容易确保双向避难。

2. B 在耐震结构上不利，但是容易确保自由的办公空间。

A 如右下图所示，<u>双核心</u>最有利于双向避难（1 正确）。另外，B 的<u>分离核心</u>很难确保双向避难，且由于墙壁多的核心在外面，在结构上不利，但同时却能自由创造不受核心局限的办公空间（2 正确）。

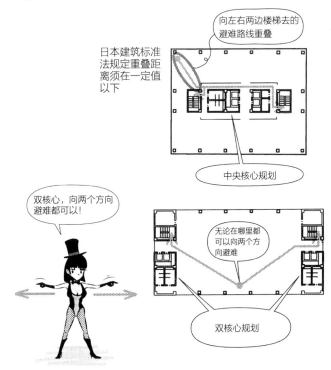

向左右两边楼梯去的避难路线重叠

日本建筑标准法规定重叠距离须在一定值以下

中央核心规划

双核心，向两个方向避难都可以！

无论在哪里都可以向两个方向避难

双核心规划

5

办公楼

Q 在标准层平面宽 25m × 进深 20m 的低层办公大楼规划中，为了确保办公室的合理进深，采用偏心核心规划。

A 在中央核心、偏心核心规划中，到核心的进深必须要有 15m 左右。在宽 25m × 进深 20m 的平面图中，中央核心规划无法确保 15m 进深，宜采用偏心核心规划（答案正确）。

中央核心

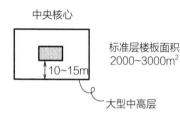

标准层楼板面积
2000~3000m²

大型中高层

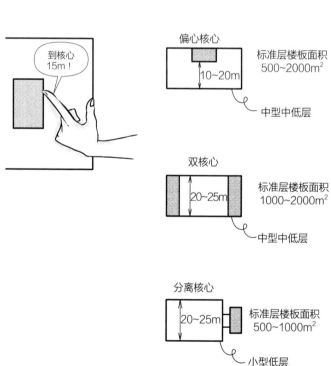

偏心核心

标准层楼板面积
500~2000m²

中型中低层

双核心

标准层楼板面积
1000~2000m²

中型中低层

分离核心

标准层楼板面积
500~1000m²

小型低层

答案 ▶ 正确

Q 为了能够自由布线，办公大楼里的活动地板一般做成两层。

A 如图所示，在混凝土楼板上，呈单元排列，能够从任意地方自由走线，这就是活动地板（答案正确）。丹下健三设计的东京都厅舍（1991 年）就铺设了 7.5cm 高的活动地板。

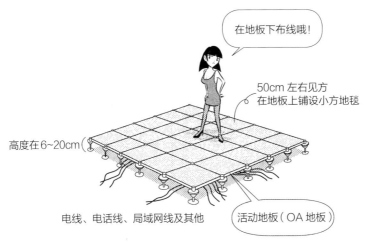

在地板下布线哦！

50cm 左右见方
在地板上铺设小方地毯

高度在6~20cm

电线、电话线、局域网线及其他

活动地板（OA 地板）

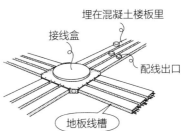

如右图所示，可以将地板线槽嵌入混凝土中。这种做法的配线引出位置受限制。

埋在混凝土楼板里

接线盒

配线出口

地板线槽

注：东京都厅舍的标准层的层高为 4m，天花板高为 2.65m，平面模数为 3.2m。

答案 ▶ 正确

5
办公楼

Q 自由工位方式就是办公室内不设置固定的个人专用工位，在职人员共用工位，对工位进行有效利用的方式。

A 如图所示，没有固定工位，不固定个人的座位和办公桌，将工位自由分配的方式，称为自由工位方式。这种方式的优点是面积得到有效利用、沟通方式更灵活等（答案正确）。

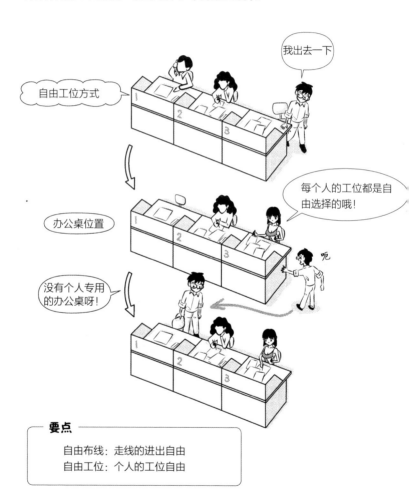

要点

自由布线：走线的进出自由
自由工位：个人的工位自由

Q 从 1~3 中选择办公室桌子的布局图 A~C 对应的摆放形式。
1. 对向式 2. 并列式 3. 交错式

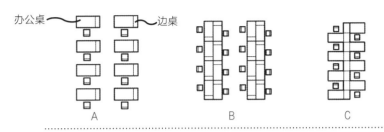

办公桌 边桌

A B C

A 如图所示，根据人坐姿的朝向，家具的布局有<u>并列式</u>、<u>对向式</u>、
<u>交错式</u>等（A 是 2，B 是 1，C 是 3）。

"交错式"的日文发音
与"stack"（堆叠）相
似。堆叠椅（stacking
chair）是可以堆起的，
很漂亮。

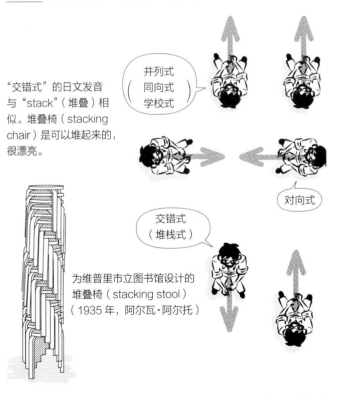

并列式
同向式
学校式

对向式

交错式
（堆栈式）

为维普里市立图书馆设计的
堆叠椅（stacking stool）
（1935 年，阿尔瓦·阿尔托）

答案 ▶ A: 2 B: 1 C: 3

Q 关于办公室中办公桌的摆放形式：

1. 需要频繁沟通交流的办公室，相比对向式，并列式更适合。

2. 若需要明确的个人办公空间，相比并列式，对向式更适合。

A 面对面的对向式更加容易沟通交流（1错误）。

并列式如学校教室那样，桌椅的朝向是一致的。虽然不容易进行沟通交流，但能明确划分个人空间，使每个人容易集中精力（2错误）。

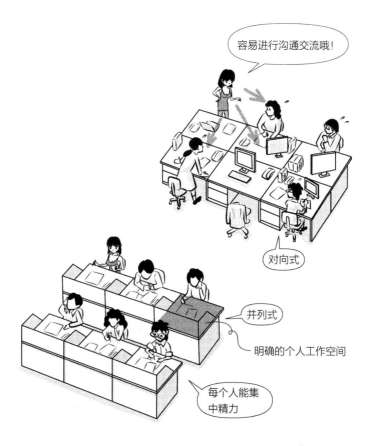

Q 楼板面积相同的办公室，相比对向式，并列式能够摆放更多的办公桌。

A 如图所示，比较办公桌背后的空间，可以说对向式是"中间楼道型"，并列式是"单侧楼道型"。"中间楼道型"的对向式的面积利用率更高（答案错误）。

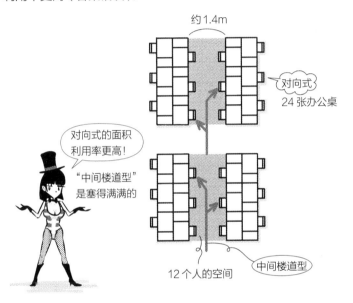

约1.4m

对向式
24 张办公桌

对向式的面积利用率更高！

"中间楼道型"是塞得满满的

12 个人的空间

中间楼道型

5
办公楼

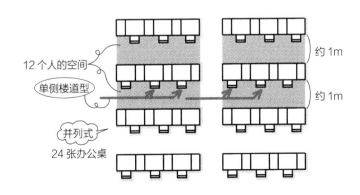

12 个人的空间

单侧楼道型

约1m

约1m

并列式
24 张办公桌

Q 对面型是几个人集中在一起的时候，不认识的人面向不同方向的状态。

....

A 坐姿方向会促进或抑制相互的关系。对面型（sociopetal）是互动型，背对型（sociofugal）是疏离型（答案错误）。

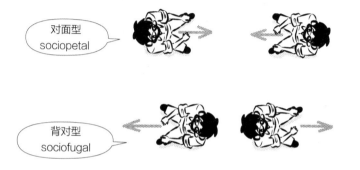

对面型 sociopetal

背对型 sociofugal

socio：意为"社会的"的词头。

petal：花瓣。向心，呈花心状。

fugal："fuga= 赋格曲、遁走曲"。用对位法做成的乐曲。表示独立对位。

Q 关于高层办公大楼的乘用升降电梯的部数，一般按使用者最多的时间段中，5min 内的使用人数进行规划。

....

A 对于办公大楼的升降电梯，8 点前的上班时间是使用最高峰，12 点后的午休时间、18 点后的下班时间分别是第二、第三使用高峰。升降电梯的设置部数以<u>最高峰时间段 5min 内的使用人数</u>进行规划（答案正确）。

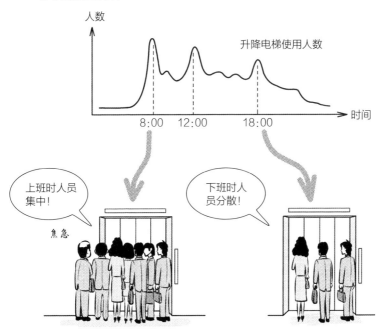

....

答案 ▶ 正确

Q 计算升降电梯的设置部数时使用"使用者最多的时间段 5min 内的使用人数与大楼总人数的比值"。相比有很多租赁者入住的出租办公大楼，公司自用办公大楼需要更多升降电梯。

A 高峰时升降电梯的使用者占大楼总人数的比值，出租办公大楼是 15% 左右，公司自用大楼是 20% ~25%。上班、下班时间更为固定的公司自用大楼，这个比值更高（答案正确），故公司自用大楼有必要设置更多的升降电梯。

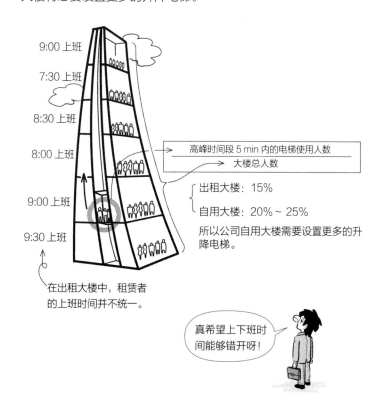

9:00 上班

7:30 上班

8:30 上班

8:00 上班

高峰时间段 5 min 内的电梯使用人数

大楼总人数

9:00 上班

出租大楼：15%

自用大楼：20% ~ 25%

所以公司自用大楼需要设置更多的升降电梯。

9:30 上班

在出租大楼中，租赁者的上班时间并不统一。

真希望上下班时间能够错开呀！

Q 应急用升降电梯主要是为大楼内人员避难而进行的规划。

A 应急用升降电梯是当火灾发生时，消防队进入、灭火、引导避难时使用的电梯（答案错误），平时可以作为普通电梯使用。在日本建筑标准法中，由于消防梯够不到超过 31m 的楼层，因此这样的建筑有义务设置应急用升降电梯。

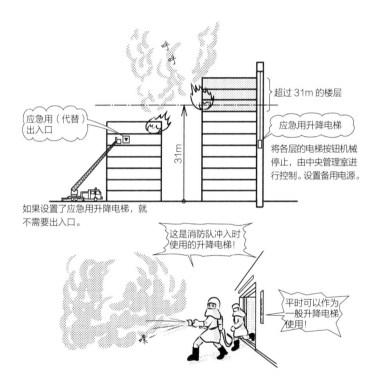

超过 31m 的楼层

应急用（代替）出入口

31m

应急用升降电梯
将各层的电梯按钮机械停止，由中央管理室进行控制。设置备用电源。

如果设置了应急用升降电梯，就不需要出入口。

这是消防队冲入时使用的升降电梯！

平时可以作为一般升降电梯使用！

5

办公楼

Q 规划 42 层办公大楼的升降电梯时，无需将升降电梯按楼层划分成组，分别进行规划。

A 如图所示，将高层建筑的楼层分区，并将升降电梯按组分配到各区。设置的换乘楼层要能够应对使用者坐错电梯，或者想去其他区域的情况（答案错误）。

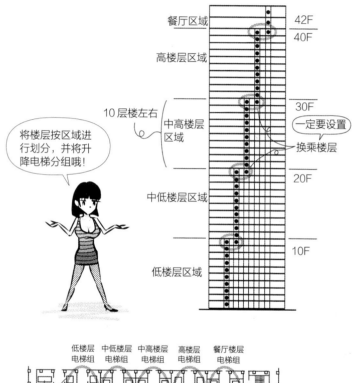

将楼层按区域进行划分，并将升降电梯分组哦！

- 按区域划分将升降电梯分组的方式，称为常规分区。

答案 ▶ 错误

Q 在规划标准层的办公室楼板面积为 $1000m^2$ 的办公大楼时，设置女性便器 5 个、男性小便器 3 个、男性大便器 3 个。

A 办公室中，每人需要约 $10m^2$（6张榻榻米）的面积，$1000m^2$ 约可容纳 100 人。对于 100 人，需要设置女性便器 5 个，男性便器大、小各 3 个。虽然因男女比例而异，但 5 个、3 个、3 个足够了（答案正确）。

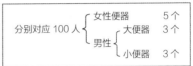

办公室便器数量

分别对应 100 人 { 女性便器　　　　5 个
男性 { 大便器　　3 个
小便器　　3 个

因等待时间而改变，器具厂家的网页上提示了人数、等待时间与器具数量的图表。

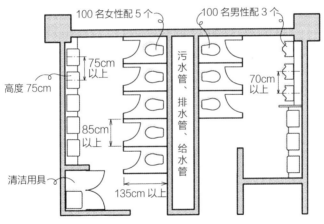

100 名女性配 5 个

100 名男性配 3 个

75cm 以上

高度 75cm

85cm 以上

清洁用具

污水管、排水管、给水管

70cm 以上

135cm 以上

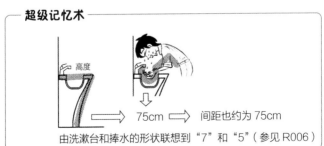

超级记忆术

高度

75cm ⇒ 间距也约为 75cm

由洗漱台和捧水的形状联想到 "7" 和 "5"（参见 R006）

答案 ▶ 正确

Q 在办公大楼的规划中，出于便利性，会设置多个夜间出入口。

A 设置多个夜间出入口，不利于管理与防范，所以一般只设置一个。如图所示，夜间出入口设置在警卫室前，容易管理与防范（答案错误）。

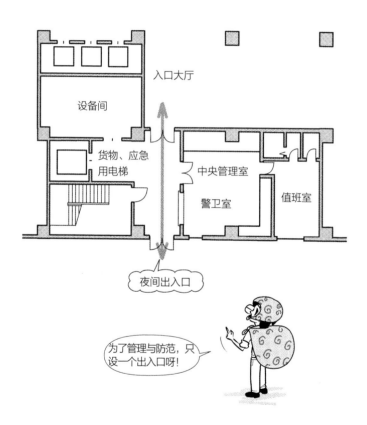

Q 办公大楼的垃圾排放量的重量比例，一般是纸类最高，所以要规划纸类专用的垃圾存放地点。

A 在办公室产生的垃圾中，重量的约60%是纸。按体积来说，会根据打包方式不同而异，纸类一般占70%~80%。在垃圾存放处设置纸类专用的存放地点，分类会变得容易（答案正确）。

办公大楼的垃圾（重量比）

厨余类：厨房产生的食品类垃圾。

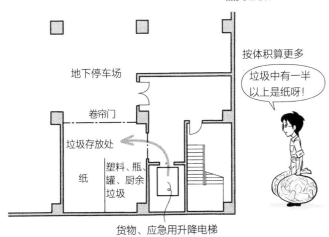

5

办公楼

Q 镜框式舞台是指在舞台与观众席间设置镜框状的建筑台口。

A 舞台的上方和左右侧有许多必要的道具，例如照明、各种吊具等，能够将这些隐藏在后方，突出演出者和布景的边框，称为台口（proscenium）或镜框台口（proscenium arch）（答案正确）。使用镜框台口的舞台，称为镜框式舞台（proscenium stage）。

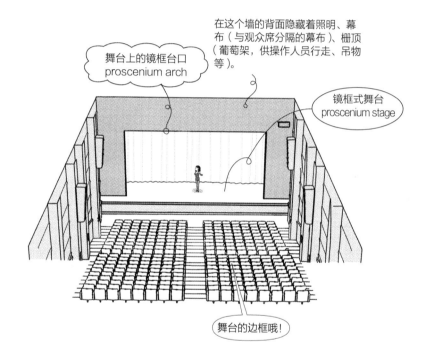

在这个墙的背面隐藏着照明、幕布（与观众席分隔的幕布）、栅顶（葡萄架，供操作人员行走、吊物等）。

舞台上的镜框台口
proscenium arch

镜框式舞台
proscenium stage

舞台的边框哦！

Q 剧场中，有侧舞台的镜框式舞台的舞台宽度是镜框台口宽度的两倍。

A 如图所示，舞台的两侧要有侧舞台。如果没有侧舞台，就无法进行演出者候场、布景和准备道具等工作。从观众席上看不到的侧舞台设置在主舞台两侧，舞台整体的宽度必须是镜框台口宽度的两倍以上（答案正确）。

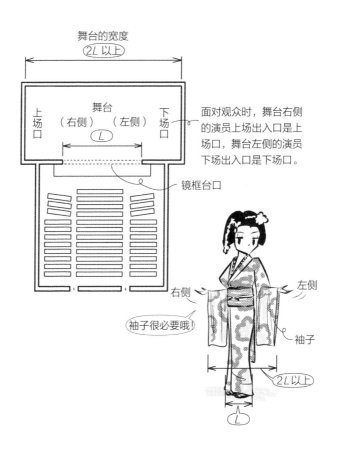

舞台的宽度
2L 以上

上场口

舞台
（右侧）　（左侧）

L

下场口

面对观众时，舞台右侧的演员上场出入口是上场口，舞台左侧的演员下场出入口是下场口。

镜框台口

右侧

左侧

袖子很必要哦！

袖子

2L 以上

L

6

剧场

Q 镜框式舞台的进深与镜框台口的宽度一样。

....

A 镜框式舞台的进深一般取镜框台口宽度 L 的一倍或一倍以上。演员在 $L \times L$ 的正方形空间中进行表演（答案正确）。

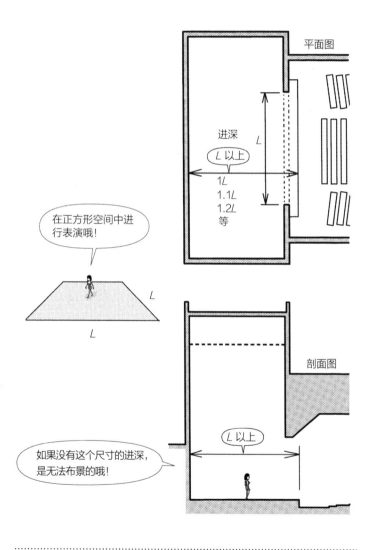

....

Q 从镜框式舞台的舞台地板到栅顶的高度,取镜框台口高度的 2.5 倍。

A 隔离观众席与舞台的大幕等幕布, 不是卷上去的, 而是直接升上去的。因此, <u>舞台地板到栅顶的高度必须是镜框台口高度的 2 倍以上</u>（答案正确）。

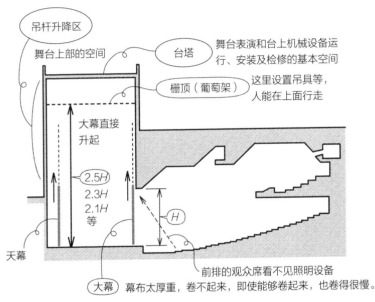

吊杆升降区

舞台上部的空间 ─── 台塔 ─── 舞台表演和台上机械设备运行、安装及检修的基本空间

栅顶（葡萄架） ─── 这里设置吊具等,人能在上面行走

大幕直接升起

2.5*H*
2.3*H*
2.1*H*
等

H

天幕

前排的观众席看不见照明设备

大幕 幕布太厚重, 卷不起来, 即使能够卷起来, 也卷得很慢。

需要有能将幕布拉上去的高度呀！

6

剧场

Q 将大幕、天幕、侧幕、横幕、可动式台口、舞台装置等吊装在舞台上部的栅顶上。

A 如图所示，固定在吊杆上的幕布、照明设备、舞台装置等是吊装在栅顶上的（答案正确）。钢丝延长到侧舞台，通过开关能够上下移动。在大型剧场中，栅顶的高度接近 30m，可以作为很多悬疑剧的舞台空间。栅顶的间隔多被做成人掉不下来的宽窄，不会像电视剧的舞台那样容易坠落。

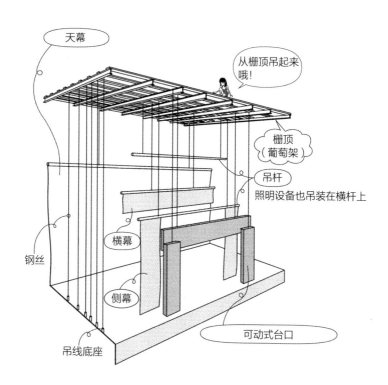

天幕

从栅顶吊起来哦！

栅顶
葡萄架

吊杆
照明设备也吊装在横杆上

横幕

钢丝

侧幕

可动式台口

吊线底座

答案 ▶ 正确

Q 为防止火灾由镜框式舞台向观众席蔓延，在台口靠近舞台侧设置防火幕。

A 舞台上有很多可燃物，而观众席上人很多，如果舞台上发生火灾则后果不堪设想。因此，有一定防火性能的防火幕、防火卷帘门（特定防火设备），在感应到火灾时，能够自动降落（答案正确），将火灾控制在一定范围内，不向其他地方蔓延，称为防火分区。

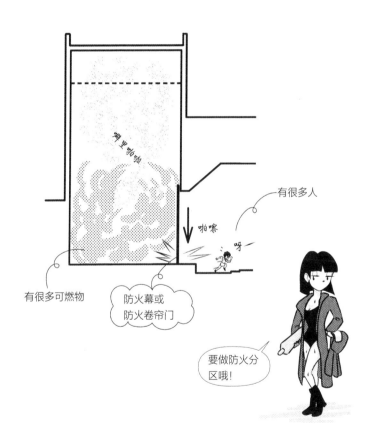

有很多人

啪嚓

呀

有很多可燃物

防火幕或
防火卷帘门

要做防火分
区哦！

答案 ▶ 正确

Q 1. 为了提高舞台与观众席的整体感，有的剧场会做成开敞式舞台的形式。

　　2. 在演出歌剧的剧场规划中，为了能够应对各种各样的歌剧剧目，将剧场做成开敞式舞台的形式。

A 正如拳击比赛一样，开敞式舞台能够提高舞台与观众席的整体感（1正确）。然而，由于照明设备、舞台背景等都要开放，所以开敞式舞台不适合歌剧等正统的舞台演出（2错误）。

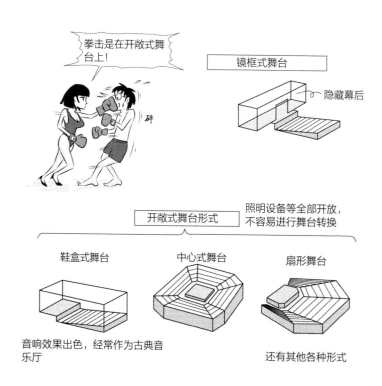

以巴黎歌剧院（1875 年，查尔斯·加尼叶设计）为例，说明大型剧场。除了拥有侧舞台、后舞台、乐池等正统舞台结构之外，作为上流阶层的社交场所，豪华的剧场大厅也值得一看。

查尔斯·加尼叶
Charles Garnier

35 岁时通过设计竞选胜出。歌剧院的旁边有他的铜像。

双圆柱

这就是巴洛克式楼梯

剧场大厅层

入口前厅层

6
剧
场

● 近代建筑出现之前，源自古希腊、古罗马的古典主义（classicism）是欧洲建筑的保守主流。顺应这一流派的巴黎歌剧院 [式样被分类为新巴洛克（neo-baroque）] 十分豪华绚烂，维也纳国家歌剧院等建筑相形失色。巴黎歌剧院的入口前厅和剧场大厅都是可以随时参观的。

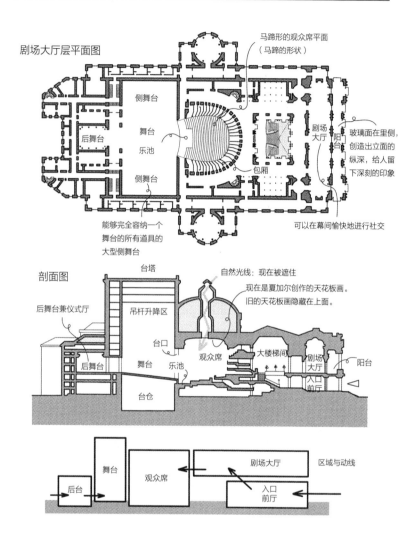

剧场大厅层平面图

马蹄形的观众席平面
（马蹄的形状）

侧舞台

舞台
乐池

侧舞台

后舞台

包厢

剧场
大厅　阳台

玻璃面在里侧，
创造出立面的
纵深，给人留
下深刻的印象

能够完全容纳一个
舞台的所有道具的
大型侧舞台

可以在幕间愉快地进行社交

剖面图

台塔

自然光线：现在被遮住

现在是夏加尔创作的天花板画。
旧的天花板画隐藏在上面。

后舞台兼仪式厅

吊杆升降区

台口

观众席

大楼梯间

剧场
大厅

阳台

后舞台

舞台

乐池

入口
前厅

台仓

舞台

后台

观众席

剧场大厅

区域与动线

入口
前厅

参考：三宅理一（Miyake Rie）著，《城市与建筑竞赛（1）首都时代》，讲谈社，
1991年。

Q 在剧场规划中，为了呈现出观众席与舞台的整体感，做成突出式
舞台。

....

A 如图所示，伸出式舞台是开敞式舞台的一种形式，舞台的一部分
或整体向前突出。这是时装秀上经常能见到的舞台形式，观众席
三面环绕舞台，拥有整体感（答案正确）。

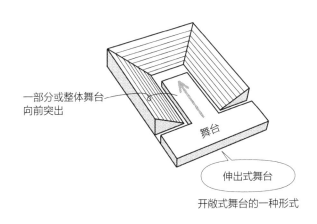

一部分或整体舞台
向前突出

舞台

伸出式舞台

开敞式舞台的一种形式

时装秀就是这种形
式哦！

爱爱
泳装秀

是伸出来的舞
台呀！

突出、伸出

....

答案 ▶ 正确

Q 剧场为了根据演出节目来变更舞台与观众席的关系，可规划为调整式舞台的形式。

A 如图所示，调整式舞台是能适应各种演出节目，能变更成各种舞台形式的舞台（答案正确）。有观众席向地板以下或横向移动的形式，还有通过人力将舞台设置进行拆解的形式等。

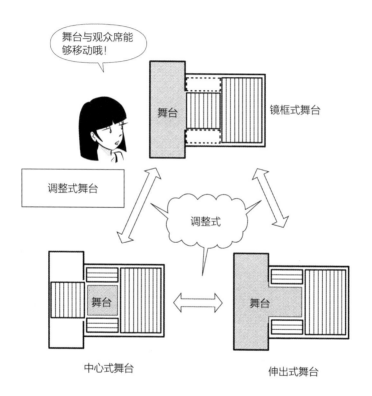

Q 因为鞋盒式音乐厅拥有卓越的音响效果，所以经常被古典音乐厅所采用。

....

A 维也纳爱乐乐团的主场，维也纳音乐协会金色大厅（Goldener Saal Wiener Musikvereins）是典型的鞋盒式音乐厅，拥有世界上最佳的音响效果。约 19m 宽的侧壁反射的声音，经过墙壁和天花板上装饰物的扩散后，音响效果非常好。日本东京涩谷文化村果园大厅（2150 席）等，也有很多建造成鞋盒式音乐厅（答案正确）。

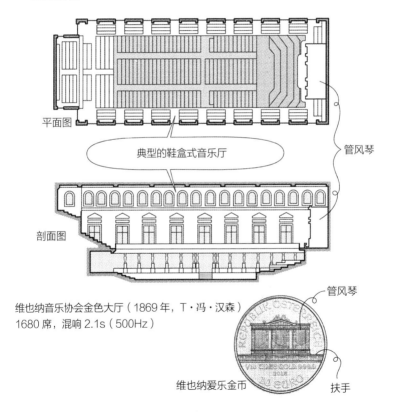

平面图

典型的鞋盒式音乐厅

管风琴

剖面图

6

剧场

维也纳音乐协会金色大厅（1869 年，T·冯·汉森）
1680 席，混响 2.1s（500Hz）

管风琴

维也纳爱乐金币

扶手

....

参考:《音乐的空间》，日本 SD 杂志，1989 年 10 月刊。

....

答案 ▶ 正确

Q 梯田式音乐厅是观众席呈梯田状将舞台包围的形式。

A 在观众席包围舞台的圆形剧场中，将观众席进行小区域划分，并用低矮墙壁包围，呈梯田状的是梯田式音乐厅，又称葡萄酒庄型音乐厅（答案正确）。下图的柏林爱乐音乐厅（Berliner Philharmoniker）、日本的三得利音乐厅（Suntory Hall，1986年，安井建筑设计事务所，2006席）等都是代表案例。

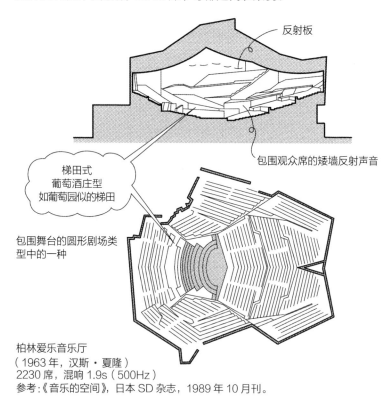

反射板

包围观众席的矮墙反射声音

梯田式
葡萄酒庄型
如葡萄园似的梯田

包围舞台的圆形剧场类型中的一种

柏林爱乐音乐厅
（1963年，汉斯·夏隆）
2230席，混响 1.9s（500Hz）
参考：《音乐的空间》，日本 SD 杂志，1989年10月刊。

● 汉斯·夏隆（Hans Scharoun）设计的柏林爱乐音乐厅及其邻近的柏林国家图书馆（1978年）都呈现出自由而复杂的造型，与密斯的柏林新国家美术馆（1968年）的简单明快的造型形成对比。在视野中能同时看到三座建筑物，去柏林一定要参观一下。

答案 ▶ 正确

Q 在歌剧院中，考虑到最远视距，规划从观众席的最后一排座位到舞台中心的视距为 48m。

A 在歌剧等音乐演出中，以音乐与肢体表现为主体，故最远视距为 <u>38m</u>（答案错误）。而且，为了使观众能够看清演员的表情和细微动作，观众席还应该再靠近一些。

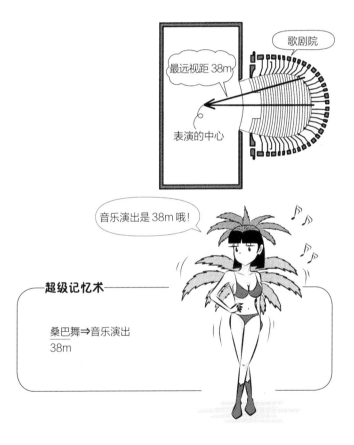

超级记忆术

<u>桑巴舞</u>⇒音乐演出
38m

6

剧场

Q 在剧场的规划中，考虑到以台词为主的戏剧的容易观看性，以最远视距为 20m 进行观众席的配置。

A 如图所示，最远视距分别为音乐剧 38m，以台词为主的戏剧 22m，儿童剧 15m。设问中的 20m 在 22m 以下，所以回答正确。

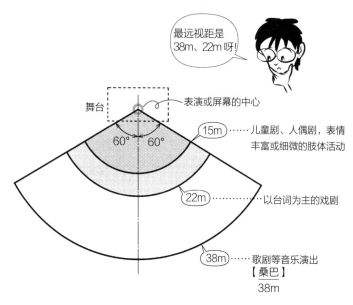

最远视距是 38m、22m 呀!

舞台 ——— 表演或屏幕的中心

60° 60°

15m ……儿童剧、人偶剧，表情丰富或细微的肢体活动

22m ……以台词为主的戏剧

38m ……歌剧等音乐演出
【桑巴】
38m

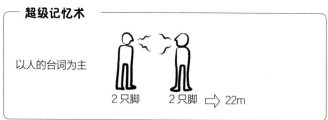

超级记忆术

以人的台词为主

2 只脚　　2 只脚　⇨ 22m

【 】内是超级记忆术

答案 ▶ 正确

Q 在镜框式舞台形式的剧场规划中，从 1 楼各观众席俯看舞台的俯角范围在 5°~15°，并保证从观众席各处都能看到舞台的前端。

A 俯角就是俯看的角度，即从水平向下多少角度进行观看。30°是极限，最好在 15°以下（答案正确）。

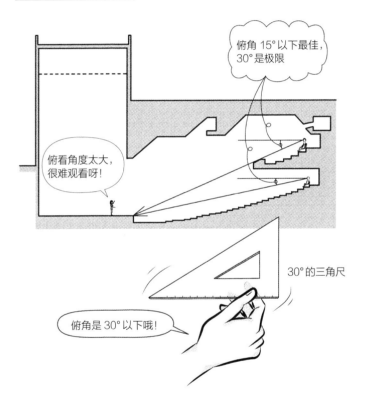

俯角 15° 以下最佳，30° 是极限

俯看角度太大，很难观看呀！

30° 的三角尺

俯角是 30° 以下哦！

6

剧场

Q 在电影院的规划中，从观众席最前排中央到屏幕两端的水平角度在 90° 以下。

....

A 很多人都有过这样的体验，坐在电影院的最前排，眼睛和脖子都会感觉疲劳。观看屏幕的水平角度最好在 90° 以内（答案正确）。

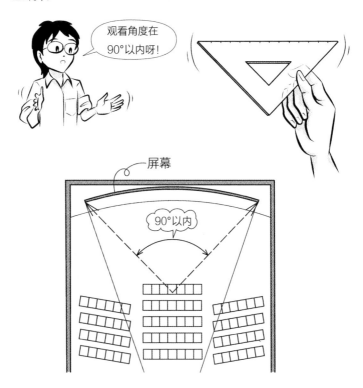

....

答案 ▶ 正确

Q 在剧场的规划中，观众席一个座位的宽度是 45cm 以上，前后间隔是 80cm 以上，从座位到前后椅背都是 35cm 以上。

....

A 座椅的大小（参见 R011、R012）再记一遍吧。座椅的宽度、进深是 45cm×45cm 以上，膝盖的空间是 35cm 以上，前后的间隔是 45cm + 35cm = 80cm 以上（答案正确）。地板面积是 0.45m×0.8m = 0.36m^2，包括通道，最少面积是 0.5m^2，尽可能达到 0.7m^2。

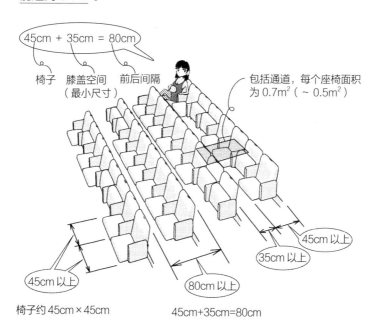

45cm + 35cm = 80cm

椅子　　膝盖空间　前后间隔
　　　　（最小尺寸）

包括通道，每个座椅面积为 0.7m^2（~ 0.5m^2）

45cm 以上

35cm 以上

45cm 以上

80cm 以上

椅子约 45cm×45cm　　　　45cm+35cm=80cm

─ **要点** ─
（最小尺寸）
椅子　膝盖空间　前后间隔
45cm + 35cm = 80cm 以上

....
答案 ▶ 正确

Q 在剧场的观众席部分，纵向通道宽度为 80cm 以上，横向通道宽度为 100cm 以上。

······

A 双侧观众席的纵向通道宽度在 80cm 以上，单侧观众席的纵向通道宽度在 60cm 以上，横向通道宽度在 100cm 以上（答案正确）。

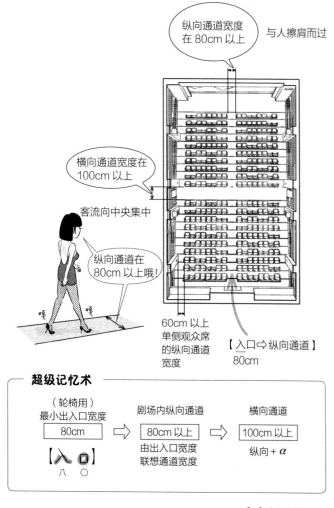

纵向通道宽度在 80cm 以上　　与人擦肩而过

横向通道宽度在 100cm 以上

客流向中央集中

纵向通道在 80cm 以上哦！

嘎　嘎

60cm 以上 单侧观众席的纵向通道宽度

【入口⇨纵向通道】 80cm

超级记忆术

（轮椅用）
最小出入口宽度

| 80cm |

【入 口】
八　〇

⇨

剧场内纵向通道

| 80cm 以上 |

由出入口宽度联想通道宽度

⇨

横向通道

| 100cm 以上 |

纵向 + α

【 】内是超级记忆术

······

答案 ▶ 正确

Q 1. 混响时间是指声音停止后，声压级衰减 60dB 所需要的时间。

2. 观众席的空间容积越大，混响时间越长。

3. 剧场观众席的空间容积需要在 6m³/ 席以上。

A 声音停止后仍有延续的现象称为混响，声压级衰减 60dB 所需要的时间是混响时间（1 正确）。混响时间赛宾公式如下所示，与空间容积 V 成正比（2 正确），与室内表面积 S 和平均吸声系数 $\bar{a}$ 的积 $S \times \bar{a}$ 成反比，请注意与室温无关。

$$混响时间\ T = 比例系数\ \times\ \frac{V}{S \times \bar{a}}\ （秒）$$

V: 空间容积
S: 表面积
$\bar{a}$: 平均吸声系数

观众席的空间容积越大，混响时间 T 越长，空间容积越小，T 越短。音乐厅、剧场的混响时间设计得较长，电影院的混响时间设计得较短。按一个座席的空间容积计算，剧场是 6m³/ 席以上，电影院是 4~5m³/ 席（3 正确）。

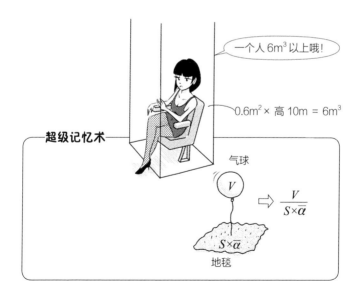

一个人 6m³ 以上哦!

0.6m² × 高 10m = 6m³

超级记忆术

气球

V

$\Rightarrow \dfrac{V}{S \times \bar{a}}$

$S \times \bar{a}$

地毯

6

剧场

● 关于"dB"，请参考《图解建筑物理环境入门》。

答案 ▶ **1.** 正确　**2.** 正确　**3.** 正确

Q 进入剧场观众席前，除入口前厅外，还会设置剧场大厅。

A

进入入口后的宽阔空间是入口前厅，只允许持票观众入场的观众席前的宽阔空间是剧场大厅（答案正确）。许多学生将剧场大厅设计得很小。在欧洲的剧场、音乐厅中，作为社交场所的剧场大厅会被建造得非常华丽。

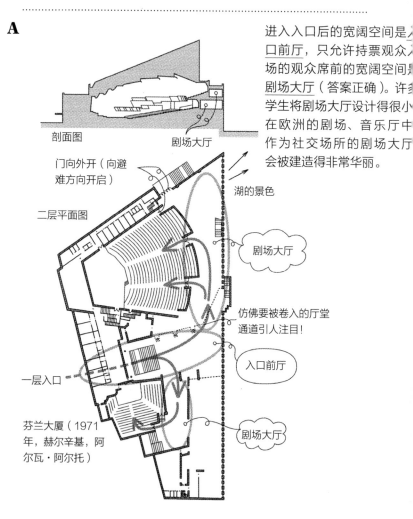

剖面图

剧场大厅

门向外开（向避难方向开启）

二层平面图

湖的景色

剧场大厅

仿佛要被卷入的厅堂通道引人注目！

一层入口

入口前厅

芬兰大厦（1971年，赫尔辛基，阿尔瓦·阿尔托）

剧场大厅

● 与抽象立体风格的柯布西耶、密斯、格罗皮乌斯的近代建筑相比，采用曲线、锯齿线状，充满木头和砖头质感的阿尔托的设计使人耳目一新。对于无法前往芬兰参观的人，建议去巴黎近郊的卡雷住宅（1959年）。与柯布西耶熟识的卡雷先生，没有拜托柯布西耶，而是拜托阿尔托设计建造了这个画廊兼住宅。

答案 ▶ 正确

Q 将销售奢侈品或以固定顾客为服务对象的零售店铺设计成开放式。

....

A 销售奢侈品或以固定顾客为服务对象的店铺，为了营造沉稳的氛围，采用封闭式（答案错误）。小型食品店、花店、旧书店等多采用开放式。

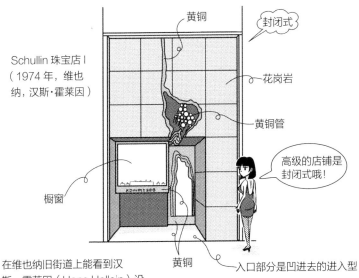

Schullin 珠宝店 I
（1974 年，维也纳，汉斯·霍莱因）

黄铜

封闭式

花岗岩

黄铜管

高级的店铺是封闭式哦！

橱窗

黄铜

入口部分是凹进去的进入型

在维也纳旧街道上能看到汉斯·霍莱因（Hans Hollein）设计的 Retti 蜡烛店（1965 年）、Schullin 珠宝店 I（1974 年）、Schullin 珠宝店 II（1982 年）等很多优秀的店铺设计。

FLOWER

开放式

欢迎光临

7

店铺

....

Q 为了使顾客能够清楚地看见面向屋外的橱窗内部，设置遮阳篷以避免日光照射。

....

A 橱窗的玻璃面会反射背景、天空等，使人不容易看清内部，设置屋檐或遮阳篷会变得容易看清（答案正确）。从平面图上看，入口周围是凹进去的进入型，容易吸引顾客进入店内。前一页的Schullin 珠宝店 I 也是进入型。

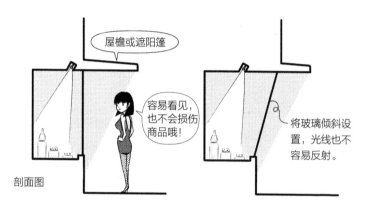

屋檐或遮阳篷

容易看见，也不会损伤商品哦！

将玻璃倾斜设置，光线也不容易反射。

剖面图

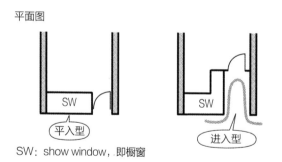

平面图

SW

平入型

SW

进入型

SW：show window，即橱窗

....

答案 ▶ 正确

Q 关于商店：
  1. 顾客用主通道的宽度为 300cm。
  2. 被展示柜包围的店员用通道宽度为 100cm。

A 商店通道的宽度，<u>主通道约为 300cm</u>，<u>副通道约为 200cm</u>，被展示柜包围的<u>店员用通道约为 100cm</u>（1、2 均正确）。

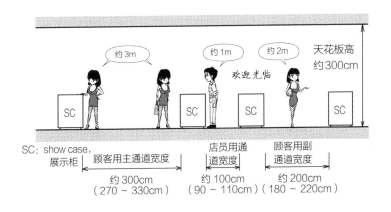

● 上述是大型商店的情况，在小规模商店中，顾客用通道宽度是 90cm，店员用通道宽度是 60cm 等。

● 为了可以随时更换展示柜，柜台最好做成可移动的。

答案 ▶ **1.** 正确   **2.** 正确

Q 考虑到成年人容易看到和拿取，将商品陈列架的高度规划为距地
面 70~150cm。

A 高度超过 150cm，会有人因为身高的原因而拿不到，因此
150cm 以上只用于商品展示，最希望顾客能够用手拿到的商品
需要摆在约 70cm 的高度上（答案正确）。70cm 也是作业和饮
食用桌子的标准高度。

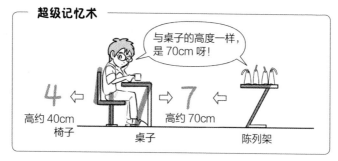

Q 超市收银台旁的包装台的高度是距地面 105cm。

A 为了轻松放置重物，包装台的高度约是 70cm（答案错误）。放置收银机的台子高度是 70~90cm，便于站立作业。

答案 ▶ 错误

7

店铺

Q 在超市中，顾客用的出入口与店员用的出入口分开。

....

A 在超市、百货商店中，顾客用的出入口要与店员用的出入口、货物搬运口尽可能分开，且在平面上分开设置（答案正确）。

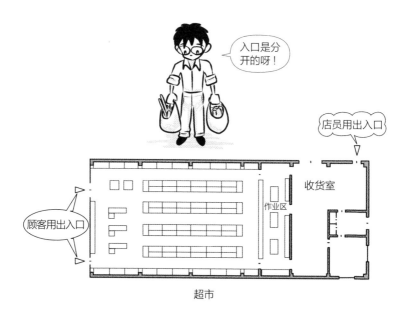

超市

....

Q 关于贩卖商品的店铺：
   1. 顾客的动线要规划为不会让人感到不快的长距离。
   2. 店员的动线要规划为合理的短距离。

A 顾客的动线要在不让人感到不快的范围内延长，尽量使顾客与商品多接触（1正确）。与此相反，店员的进出、商品的补充等，应在合理范围内缩短动线（2正确）。顾客、店员、商品的动线尽量不要相互交叉。

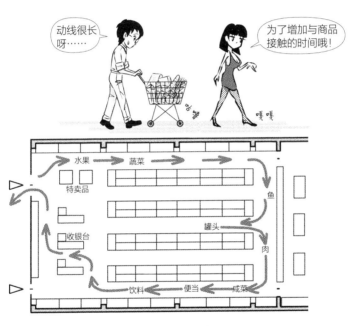

超市中的顾客动线

Q 在自助形式的咖啡厅中，取餐与用餐的动线要分开进行规划。

A 如果取餐与用餐的动线交叉，就会引起混乱和碰撞事故。尽量不要让两条动线交叉，分开规划（答案正确）。

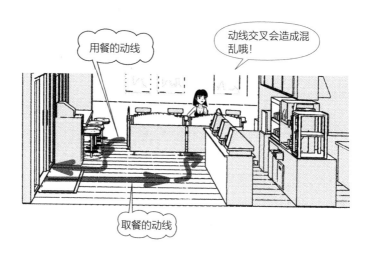

用餐的动线

动线交叉会造成混乱哦！

取餐的动线

Q 在拥有宴会厅的大型城市酒店中，考虑到住宿与通往宴会厅的顾客的动线，除主要的入口大厅外，另外设置宴会厅专用的入口大厅。

A 宴会厅会有很多人聚集，如果其入口与"酒店出入口 + 大厅"设置到一起，容易造成混乱。为了避免混乱，使动线更为流畅，另外设置"宴会厅用的出入口 + 大厅"（答案正确）。一般顾客用大厅与宴会厅用大厅能相互连通。<u>入口大厅</u>也称为过厅、门厅。<u>宴会厅</u>也称为宴会室。

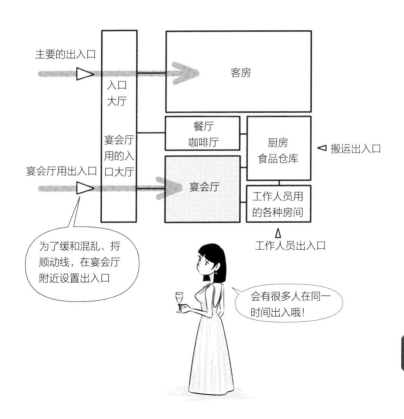

Q 在大型城市酒店的规划中，客房用升降电梯的部数是每 120 个房间一部。

....

A 城市酒店的升降电梯需要每 100~200 个房间一部（答案正确）。电梯部数越多，等待时间越少，但建筑初期成本和维护成本会上升。升降电梯每个月必须进行定期检查，故障时的维修费用也比其他设备高。

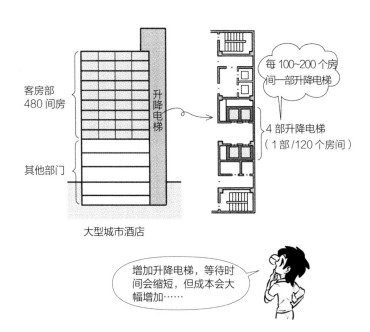

客房部
480 间房

升降电梯

其他部门

每 100~200 个房间一部升降电梯

4 部升降电梯
（1 部/120 个房间）

大型城市酒店

增加升降电梯，等待时间会缩短，但成本会大幅增加……

....

答案 ▶ 正确

Q 在高层城市酒店的规划中，应急用升降电梯设置在被服室等服务类房间的附近，作为服务用升降电梯使用。

....

A 应急用升降电梯虽然是消防队进入时使用的，但在平时可以作为一般电梯使用。办公楼、城市酒店、公寓楼等建筑中，超过31m的楼层，有义务设置应急用升降电梯（参见 R153）。在城市酒店中，应急用升降电梯常作为工作人员使用的服务用升降电梯。服务用升降电梯的周围配置有被服室（答案正确）。被服是指床单、桌布等布制品。

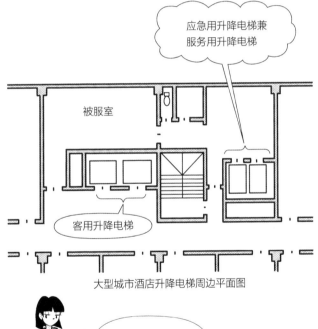

应急用升降电梯兼服务用升降电梯

被服室

客用升降电梯

大型城市酒店升降电梯周边平面图

应急用升降电梯也作为服务用电梯哦！

应急用升降电梯：消防队进入时使用

Q 在城市酒店的规划中，考虑到各层的改造，为了降低层高，不在各客房分别设置竖井，而是集中设置竖井。

A 如果厕所、浴室的附近没有设置立管，横管就会变长，排水困难。架设横管要有一定斜度，太长则需要从天花板开始架设，层高必须达到相应高度。一般是在一个房间或两个房间内设置竖井（管道井）（答案错误）。

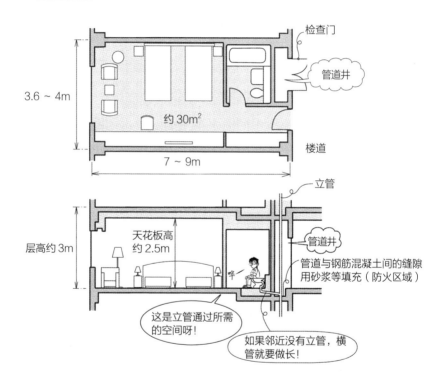

Q 在城市酒店的客房中，照明以间接照明为主，每个照明都能分别调节照度。

A 与直接照射对象的直接照明相比，从光源发射的光线先照射到墙壁、天花板上，再通过反射光线照亮的是间接照明，这种照明方式能够营造出沉静的气氛。如果设置调光装置，可以改变照度，氛围也会随之改变。"间接照明 + 调光装置"对酒店客房的照明十分有效（答案正确）。

照射墙壁、天花板

间接照明

间接照明能够营造气氛哦！

直接照明

方便读书呀！

8

酒店

Q 在托儿所中，育婴室与幼儿的育幼室分开设置。

A 为了婴儿的安全，将幼儿放在别的房间（答案正确）。

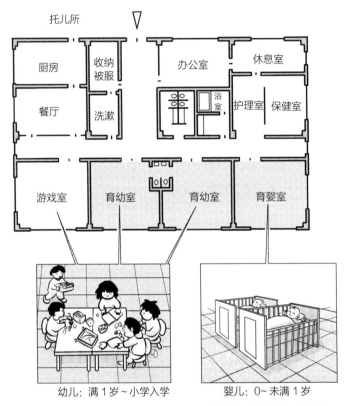

托儿所

| 厨房 | 收纳被服 | 办公室 | 休息室 |
| 餐厅 | 洗漱 | | 浴室 护理室 | 保健室 |

游戏室　育幼室　育幼室　育婴室

幼儿：满1岁~小学入学　　　婴儿：0~未满1岁

托儿所：厚生劳动省（儿童福利法）　（实际上也有将1岁幼儿放
幼儿园：文部科学省（学校教育法）　到育婴室的）

● 在日本，幼儿园是"学校"，属于文部科学省管辖，负责教育满3岁到上
小学之前的幼儿。托儿所负责照顾婴儿、幼儿，属于厚生劳动省管辖。将
两者整合的幼保一体化也在推进。

答案 ▶ 正确

Q 在托儿所的规划中：

    1. 幼儿用厕所设置在邻近育幼室的位置。

    2. 为了确保幼儿的安全并对其进行指导，幼儿用厕所的隔断和门的高度为 100~120cm。

A 幼儿从有便意到排泄的时间很短，因此幼儿用厕所要设置在靠近育幼室的位置（1 正确）。另外，如果隔断和门做得太高，幼儿可能被反锁在里面，或无法对幼儿进行指导。因此，厕所的隔断和门的高度为 100~120cm，让大人能够看到（2 正确）。

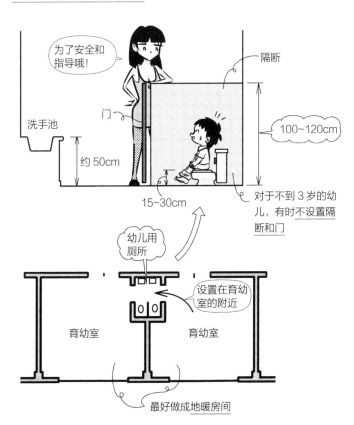

9

托儿所和幼儿园

Q 在托儿所的规划中，最好将午睡的场所与吃饭的场所分开设置。

A 铺开和收纳被褥的时候会产生灰尘，因此吃饭的场所与午睡的场所应分开。另外，为了指导幼儿准备吃饭的动作，分开设置也比较好（答案正确）。

吃饭与午睡的场所分开哦!

餐厅

育幼室　　育幼室

托儿所

在住宅中 "食寝分离" 是基本哦!

（参见 R085）

会产生灰尘

"食寝一体"的家可不行

答案 ▶ 正确

Q 在托儿所的规划中，
　　1. 容纳 20 名 4 岁幼儿的育幼室面积为 45m²。
　　2. 3 岁幼儿的育幼室，每人的单位地板面积比 5 岁幼儿的育幼室要小。

A 托儿所的育幼室为 1.98m²/人（参见 R060）。设问中的 1 是 45m²/20 人 = 2.25m²/人，满足要求（1 正确）。
　　3 岁幼儿不是集体行动，而是一个人四处活动，所以育幼室的面积要比 4～5 岁幼儿的育幼室面积大（2 错误）。

育幼室　　1.98m²/人以上

一个人四处活动，故需要更多面积！

3 岁幼儿育幼室　　4-5 岁幼儿育幼室

能够进行集体行动，故所需面积比 3 岁幼儿小是可以的！

集体行动

9

托儿所和幼儿园

Q 在托儿所的规划中，容纳 15 名 1 岁幼儿的爬行室的地板面积为 30m²。

A 婴儿待在床上的<u>育婴室是 1.65m²/ 人以上</u>，方便幼儿活动的<u>爬行室是 3.3m²/ 人以上</u>。实际上二者是混用的，因为等待入园的儿童很多，日本厚生劳动省规定的面积标准无法得到实施。设问中 30m²/15 人 = 2m²/ 人，故答案是错误的。

育婴室：0 ~ 1 岁婴儿不会爬行，1.65m²/ 人以上

爬行室：0 ~ 1 岁婴儿会爬行，3.3m²/ 人以上

超级记忆术

（0 ~ 1 岁） （3 岁与 4 ~ 5 岁） （0 ~ 1 岁）

育婴室 ＜ 育幼室 ＜ 爬行室

1.65m²/ 人以上　1.98m²/ 人以上　3.3m²/ 人以上

答案 ▶ 错误

Q 在小学中，低年级设置特别教室型，高年级设置综合教室型。

A 所有学科在同一间教室（班级教室或一般教室）进行的是综合教室型，理科、美术工艺、音乐等需要特殊设备的课程在特别教室（专用教室）中进行的是特别教室型。综合教室型在小学低年级中采用，特别教室型在小学中高年级、初中、高中中采用（答案错误）。相对于特别教室，班级教室也称为普通教室。

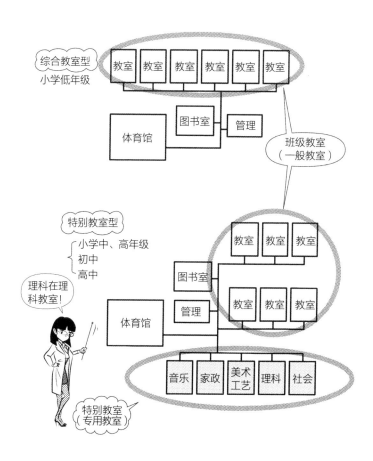

Q 在低年级采用综合教室型、高年级采用特别教室型的小学中，低年级与高年级的教室分别集中，特别教室群设置在高年级的一般教室附近，图书室等共用学习空间设置在学校的中心。

....

A 低年级和高年级的学生，体型大小、运动能力、沉静状态等都有所不同，所以教室群分开设置。由于特别教室由中、高年级使用，因此设置在中、高年级教室附近。图书室等共用学习空间是全校各年级都会使用的地方，为了方便从各教室前往，设置在学校的中心（答案正确）。

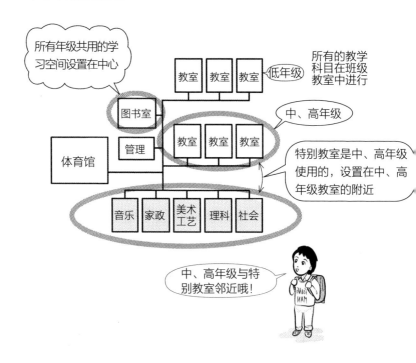

Q 1. 在高中教室的规划中，作为学科教室型，配备了各学科所需的设施、设备。

　 2. 在学科教室型的中学，为确保各学科都有专用教室，每个班级设置班级基地。

....

A 所有的学科都在专用教室中进行的是学科教室型，被初中、高中所采用。没有班级教室（一般教室），取而代之的是设置更衣室、班级基地（1、2 均正确）。

10

学
校

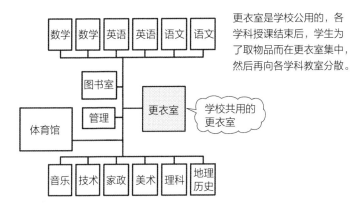

更衣室是学校公用的，各学科授课结束后，学生为了取物品而在更衣室集中，然后再向各学科教室分散。

学校共用的更衣室

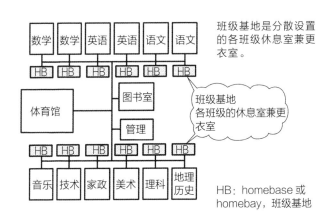

班级基地是分散设置的各班级休息室兼更衣室。

班级基地
各班级的休息室兼更衣室

HB：homebase 或 homebay，班级基地

....

答案 ▶ **1.** 正确　**2.** 正确

Q 混合型是指将所有班级分成两个组，一组使用普通教室群时，另一组使用特别教室群的运营方式。

....

A 如果将所有普通教室设置成班级教室，在使用特别教室时，普通教室一定会空着。特别教室型的缺点就是空教室多。因此可以将班级分为 A、B 两组，一组在使用特别教室时，另一组使用普通教室，这样的时间分配可以消除教室的浪费。在初中、高中中进行<u>混合型</u>的运营方式，<u>各学科时间很难分配</u>，也需要较多的教师，所以实施案例很少（答案正确）。

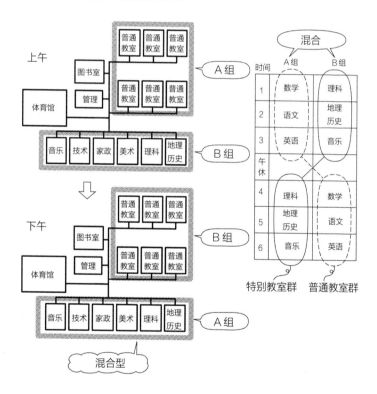

这里总结一下教室的运营方式。最普遍的是特别教室型。

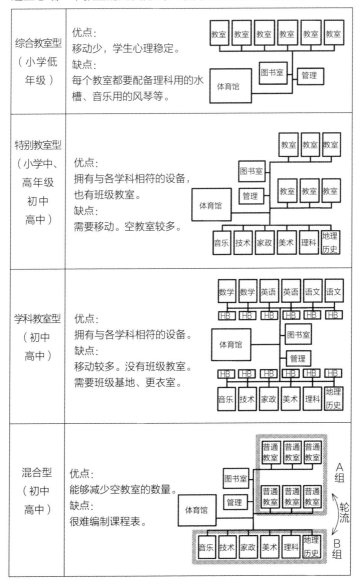

Q 在小学的规划中，为了能弹性组成学习团体，邻近班级教室设置开放空间。

A 对于通过楼道连接教室的单侧楼道型，很多时候会在教室的外侧设置<u>开放空间</u>，具有促进自发性、跨班级学习的效果（答案正确）。

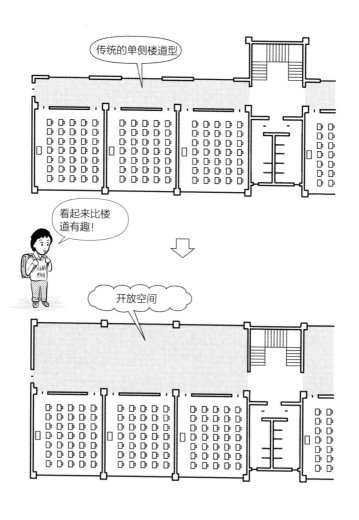

答案 ▶ 正确

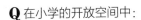

Q 在小学的开放空间中：

1. 为了能利用网络资源等多种方式进行学习，配置电脑。

2. 设置图书区、作业区、水槽等。

3. 为了将教师的办公地点设置在教室附近，分散设置各年级的教师区。

A 如图所示，在开放空间中设置各种区域，进行多样化学习和详细指导，是为了尊重学生自主性、主体性而设置的空间（1、2、3均正确）。

10
学校

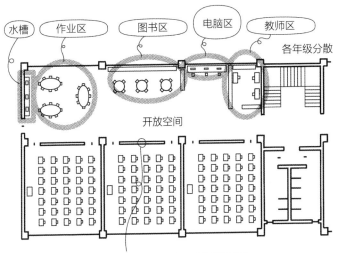

这面墙可以换成柜子等家具或大型可移动隔断，让教室变得更加开放。

● 桢文彦设计的加藤学园初等学校（1972年），是最早的不设置固定教室空间的开放式学校（简易校舍）。笔者在学生时代参观过这个学校，是用可移动隔断划分的大空间教室，感觉很难授课或让学生静下心来。

目前，这所学校进行了抗震加固，仍在使用，毫无疑问是开放式学校理念的优秀规划。

答案 ▶ **1.** 正确 **2.** 正确 **3.** 正确

Q 小学的图书室、特别教室，设定为能被邻近居民所使用，配置在社区用的玄关附近。

A 日本小学的密度是每 2000~2500 户（邻里单位）设置一所小学，很多小学作为社区交流的据点。作为终生学习、体育运动的场所，小学会开放图书室、特别教室、体育馆等，设置在居民用出入口附近，不开放区域用带锁的门或卷帘门隔开（答案正确）。

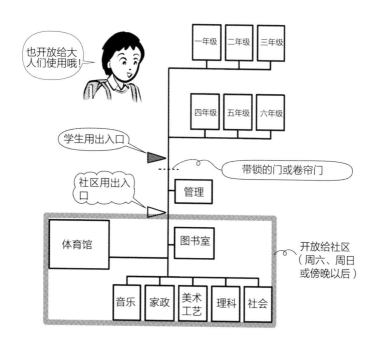

- 由 C+A 建筑事务所（Coelacanth and Associates）设计的千叶市立打濑小学（1997 年），不仅教室设计出色，作为向社区开放的开放式学校，也是划时代的规划。将重点从单向授课转向自主性的讨论会，建造了许多自由空间。开放式学校有其特有的噪声问题，但现在仍作为围栏和墙壁很少的小学使用。

答案 ▶ 正确

Q 校舍的配置形式有手指型和集群型。

A 如图所示，教室的配置形式有<u>手指型</u>、<u>集群型</u>、<u>中间楼道型</u>，以及这些类型的复合型等（答案正确）。

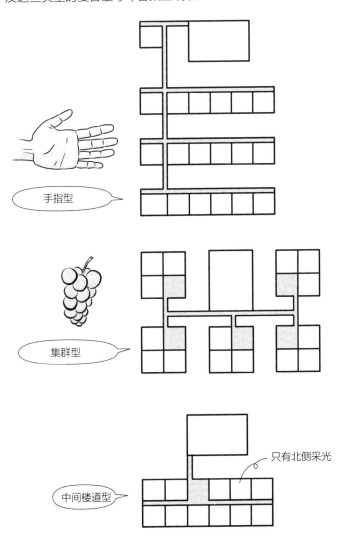

手指型

集群型

只有北侧采光

中间楼道型

答案 ▶ 正确

Q 1. 小学容纳 42 人的教室大小是 7m×9m。

2. 面向黑板，窗户配置在左侧。

....

A 宽 7m× 长 9m，天花板高 3m，学生 40 名左右，这是日本明治时代（译注：1868 年至 1912 年）制定的标准，现在也还在使用。42 人，（7m×9m）/42 人 = 1.5m²/ 人，符合标准规定的 1.2~2m²/ 人（1 正确）。左侧采光，是为了不出现手边桌面变暗的情况（2 正确）。

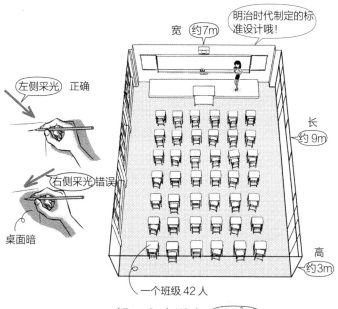

明治时代制定的标准设计哦!

宽 约7m

左侧采光 正确

右侧采光错误

桌面暗

长 约9m

高 约3m

一个班级 42 人

（7m×9m）/42 人 =（1.5m²/ 人）

符合 1.2~2.0m²/ 人
【一、二年级学生需要两名老师】
1.2m²　　　～　　　2.0m²/ 人

【 】内是超级记忆术

Q 在教室的规划中，为了使黑板、布告栏与其周边墙壁的明暗对比不要太大，要进行色彩调整。

....

A 黑板、布告栏与墙壁的明暗对比太大，眼睛会疲劳。因此，虽说是"黑板"，但不是黑色的，而是墨绿色的（答案正确）。顺便说一句，色相、明度、彩度被称为色彩的三个属性，明度表示颜色亮度的大小。

10

学校

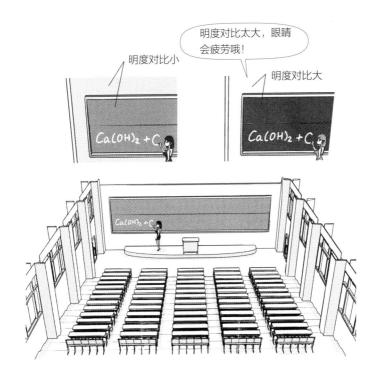

● 就色彩的三个属性，色相、明度、彩度，请参考《图解建筑物理环境入门》。

答案 ▶ 正确

Q 拥有两个一般用篮球场的体育馆：
   1. 地板的内部尺寸为 45m×35m。
   2. 天花板或障碍物的高度为 6m。

A 如图所示，拥有两个篮球场的体育馆，地板约 45m×35m，高度在 8m 以上（1 正确，2 错误）。高中用大于初中用，初中用大于小学用，面积越来越小。

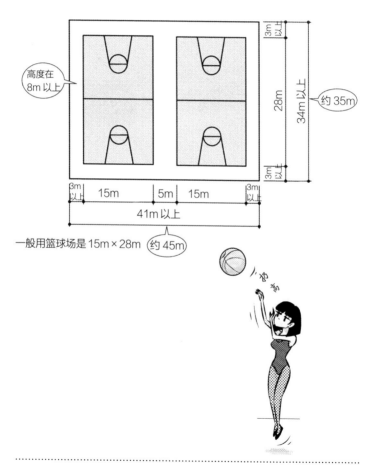

一般用篮球场是 15m×28m（约 45m）

Q 拥有两个一般用网球场的体育馆：

　1. 地板的内部尺寸为 45m×35m。

　2. 天花板或障碍物的高度为 8m。

....

A 与篮球相比，网球飞得较远，两个网球场需要<u>约 45m×45m</u>，高度在 <u>12.5m 以上</u>，尺寸要变大（1、2 均错误）。

10
学校

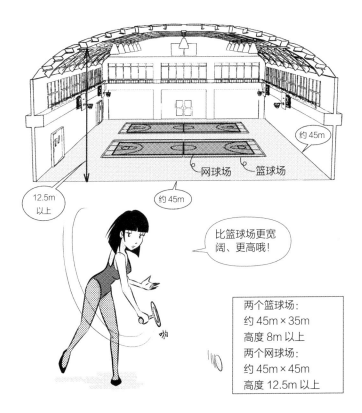

约 45m

网球场　　篮球场

12.5m
以上

约 45m

比篮球场更宽
阔、更高哦！

啪

两个篮球场：
约 45m×35m
高度 8m 以上
两个网球场：
约 45m×45m
高度 12.5m 以上

网球场
单人　约 8m×24m
双人　约 11m×24m

....

Q 移动图书馆是指在汽车上装满书，在居民区巡回，提供图书馆服务的设施。

A 如图所示，移动图书馆虽然在日本越来越少，但在没有图书馆的偏远、人口稀少地区，向学校和设施送书时还会被使用到。笔者的小学时代，小学的周边经常有移动图书馆出现（答案正确）。

Q 地方图书馆中，借阅用的图书尽可能摆在开放式书架上。

....

A 在地方图书馆中，为了让阅览者能够自由接触图书，一般采用开架式（答案正确）。

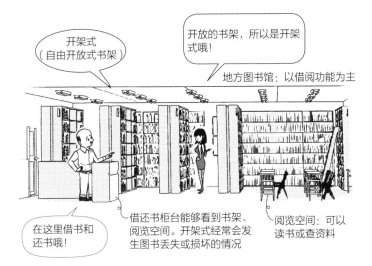

11

图书馆

Q 大型图书馆中，贵重书籍的管理方式是闭架式。

A 闭架式是指封闭书架的图书馆藏书管理方式，由图书管理员从书库取书或放书。阅览者无法进入书库。在大型图书馆中，贵重书籍等使用这种管理方式（答案正确）。

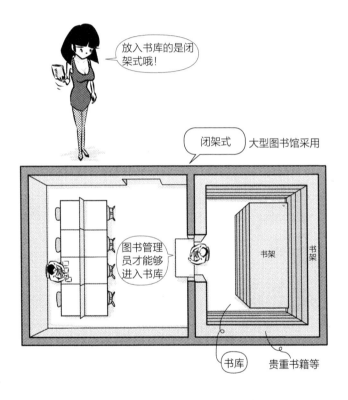

放入书库的是闭架式哦！

闭架式 大型图书馆采用

图书管理员才能够进入书库

书架

书架

书库

贵重书籍等

Q 1. 安全开架式是指阅览者进出书库时，接受图书管理员的检查。

2. 半开架式是指阅览者先隔着玻璃或金属网挑选书库中的图书，然后向图书管理员申请取阅的方式。

A 除了开放式书架的开架式、封闭式书架的闭架式，还有介于这两者之间的管理方式。

阅览者隔着玻璃或金属网挑选书库中的书籍，由图书管理员拿取指定书籍的管理方式是半开架式。玻璃的下方是被截断的，手指或笔能够伸进去，容易指定图书（2 正确）。

阅览者进出书库时接受图书管理员检查的是安全开架式（1 正确）。

11

图书馆

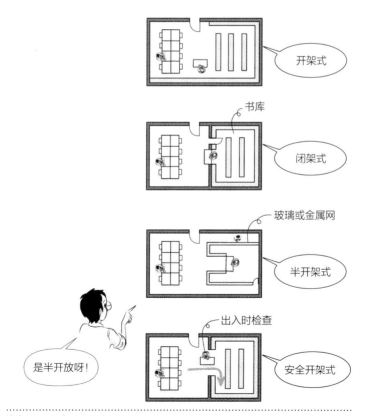

开架式

书库

闭架式

玻璃或金属网

半开架式

出入时检查

是半开放呀！

安全开架式

Q 在开架式书架中，规划图书装入量是 300~500 册 /m²。

A 每 1m² 的藏书量，随着书架的高度、隔板的高度、书架的间隔、书籍的厚度等而异，<u>开架式书架约 170 册，闭架式书架约 230 册</u>（答案错误）。也有为了便于阅览，将高度做成约 120cm 的书架，藏书量会减少 1/2~2/3。

约 200 册 /m² 哦！

200 册 /m² ± 30 册 /m²

随书架的高度、隔板的高度、书架的间隔、书籍的厚度等而异。

Q 在密集书架中，规划图书装入量约是 400 册 /m^2。

A 如图所示，密集书架通常将书架紧密相接，使用时横向滑动，节省通道空间。相对于普通书架约 200 册 /m^2，密集书架能多收藏一倍，约为 400 册 /m^2（答案正确）。积层式书架是将书架叠成两层的方式，既确保通道，又将书架分为两层，藏书量也是两倍。

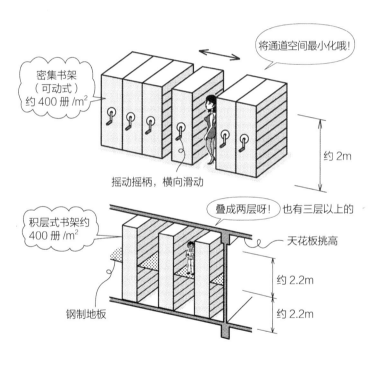

将通道空间最小化哦！

密集书架
（可动式）
约 400 册 /m^2

约 2m

摇动摇柄，横向滑动

积层式书架约
400 册 /m^2

叠成两层呀！　也有三层以上的

天花板挑高

约 2.2m

约 2.2m

钢制地板

要点

开架式、闭架式书架　　　　　密集、积层式书架

2 倍

约 200 册 /m^2 ➡ 约 400 册 /m^2

Q 在地方图书馆的规划中，单位面积的藏书量为 40~50 册 /m²。

A 地方图书馆一般是开架式。开架式书架约 170 册 /m² 的藏书量与闭架式书架约 230 册 /m² 的藏书量，是以书架摆放空间的单位楼板面积来计算的数值。对于图书馆整体建筑面积而言，1m² 约 50 册（答案正确）。

建筑面积为 1600m² 的规划 ⇨ 50 册 /m² × 1600m²=80000 册

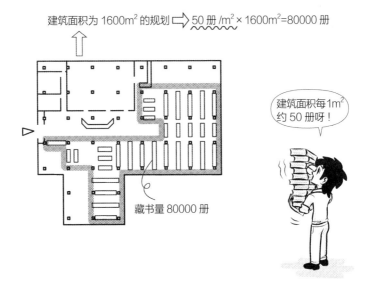

藏书量 80000 册

建筑面积每1m²
约 50 册呀！

50 册 /m² → 200 册 /m² ± α → 400 册 /m²，考虑分母的面积，数值会因开架式、闭架式等书架类型而异。这里再次进行总结，一定要把它们记住。

单位建筑面积		约 50 册 /m²
开架式书架		约 170 册 /m² （200 册 -30 册）
闭架式书架		约 230 册 /m² （200 册 +30 册）
密集书架 （可动式）		约 400 册 /m² （200 册 /m² × 2）
积层式书架		约 400 册 /m² （200 册 /m² × 2）

11

图书馆

Q 为了减小走路的声音，阅览室地面铺设方块地毯。

··

A 由于阅览室是安静读书的地方，脚步声不能太大，因此要铺设方块地毯（答案正确）。地毯约 50cm 见方，能单块揭开，以便在地板下布置电线，常用于铺设活动地板的办公室。这样的地毯可以只更换弄脏的部分，地板下布线的维护也会变得轻松。但与大尺寸的塑料地板等相比，也有易脏、不好打扫等缺点。

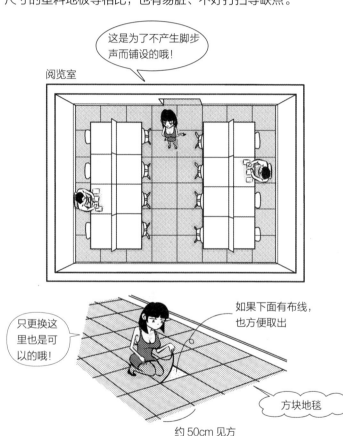

这是为了不产生脚步声而铺设的哦！

阅览室

如果下面有布线，也方便取出

只更换这里也是可以的哦！

方块地毯

约 50cm 见方

Q 在地方阅览室中，儿童阅览区与一般阅览区分开设置，但共用借还书柜台。

A 孩子们喧闹，故儿童图书区常与一般阅览区分开。如果从入口进入后马上就分开，则对一般阅览区的影响会很小。对于借还书柜台，儿童阅览区与一般阅览区共用是可以的（答案正确）。

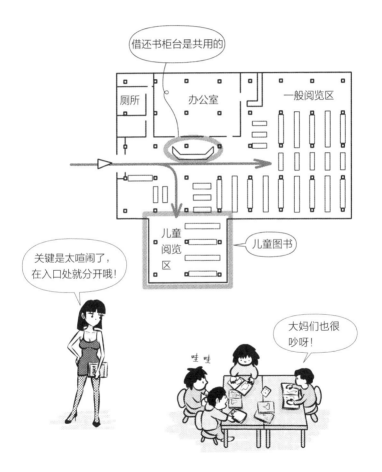

Q 卡式阅览桌是在阅览室等地方放置的，在前方和侧面有隔断，供
一人使用的桌子。

A 如图所示，带有隔断的供一人使用的阅览桌称为<u>卡式阅览桌</u>（答
案正确），排列方式需要根据空间形状来决定。

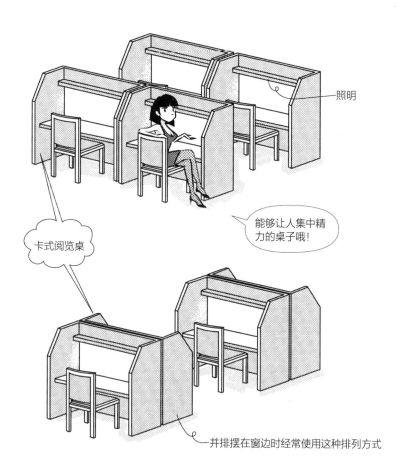

照明

卡式阅览桌

能够让人集中精
力的桌子哦!

并排摆在窗边时经常使用这种排列方式

答案 ▶ 正确

在路易斯·康设计的菲利普斯埃克塞特学院（Phillips Exeter
Academy）图书馆（1972年）中，中央挑高部分的周围是开架
式书架，其外侧靠窗处设置摆放卡式阅览桌的阅览室。三重环状
空间由各自独立的结构体支撑。

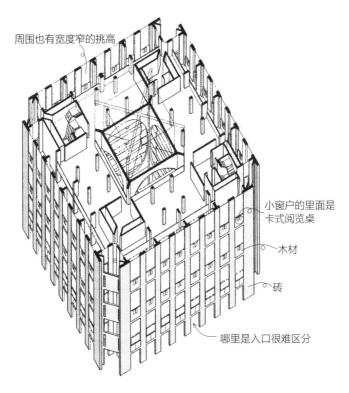

周围也有宽度窄的挑高

小窗户的里面是
卡式阅览桌

木材

砖

哪里是入口很难区分

11

图
书
馆

菲利普斯埃克塞特学院图书馆
（1972年，波士顿北郊埃克塞特，路易斯·康）

● 由砖块和木材建造的格子状框架沉稳的外观与校园的其他建筑融为一体。
走进这栋建筑，巨大圆形镂空的清水混凝土墙面围绕的大空间令人惊讶。
中央挑高的正统结构的比例令人感受到其独特性。孟加拉国首都达卡的国
会大厦外部使用巨大的圆形，并将内侧封起来，是这栋建筑成功的重要原
因。各部分的细部设计在美国也是少有的，实在是一栋非常美丽的建筑。

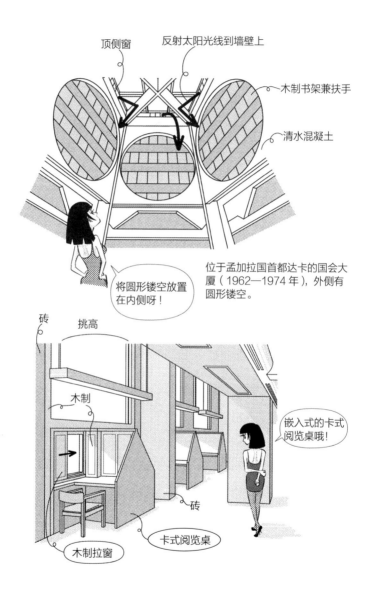

Q 阅览区就是为阅览报纸、杂志而设置的空间。

A 能悠闲阅读杂志、报纸等的空间，称为<u>阅览区</u>（答案正确）。

11

图书馆

Q 为轻松阅读报纸、杂志等，设置资料检索区。

A 资料检索区是查询图书、资料、向图书管理员寻求帮助的地方。设问中指的是阅览区（答案错误）。

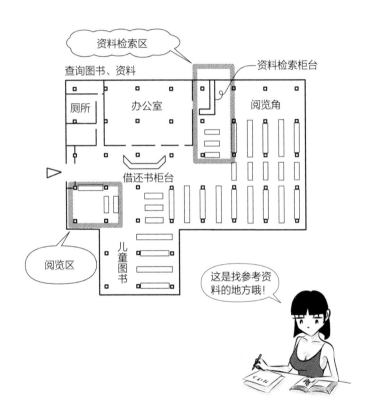

Q 为了不发生无手续将馆内图书带出的情况，采用图书防盗系统。

A 图书防盗系统（book detection system，BDS）是指如果将未办理借阅手续的图书带出图书馆，就会有报警声提示的安全系统（答案正确）。

Q 对用于检索资料的用户终端机，考虑到来馆人员的便利性，不分散设置，而是集中设置在馆内入口处。

A 检索图书用的联机公共检索目录（online public access catalog, OPAC）在馆内各处分散设置，方便让阅览者马上进行检索操作（答案错误）。有供阅览者坐着使用电脑进行检索的形式，放置在柱子、书架旁边，也有供阅览者站着进行检索的形式。

Q 在医院中，容纳 4 名病人的普通病房面积是 $16m^2$。

A 日本医疗法规定，拥有 <u>19 张病床以下的医院是"诊所"，20 张病床以上的是"医院"</u>。在医疗法实施规则中规定，普通病房的内部尺寸面积是 $6.4m^2$/ 床以上。设问中 $16m^2÷4$ 张病床 $=4m^2$/ 床，没能满足标准，不行（参见 R058，答案错误）。

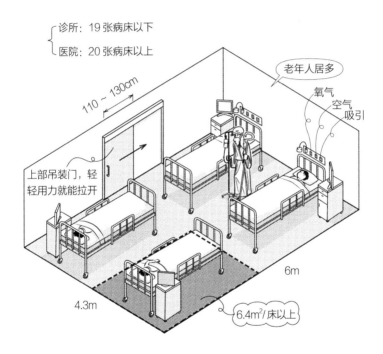

● 笔者曾经住进的某大学医院的 4 人间普通病房，实际测量的出入口有效宽度为 109cm；病床宽 100cm，长 210cm，高 50cm；用餐的移动式餐桌宽 40cm，长 80cm，高 76cm；边桌宽 46cm，长 50cm，高 89cm；储物柜宽 60cm，进深 40cm，高 180cm。

答案 ▶ 错误

Q 普通病房的病床左右留出的间距尺寸是 100cm。

....

A 病床与病床之间要能够推进担架，所以预留 100~140cm 的间隔（答案正确）。担架自身的宽度为 65~75cm。

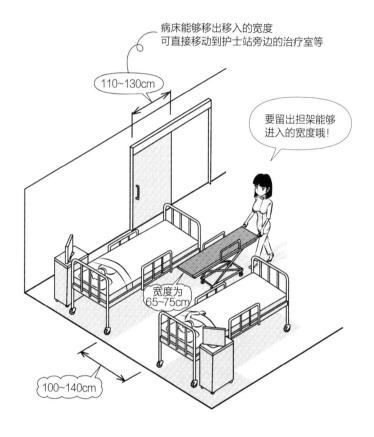

病床能够移出移入的宽度
可直接移动到护士站旁边的治疗室等

110~130cm

要留出担架能够
进入的宽度哦!

宽度为
65~75cm

100~140cm

● 在日本建筑师考试的历年考题中，有将病床间距尺寸定为 75cm 的，笔者认为推进担架略显狭窄。

....

答案 ▶ 正确

Q 容纳 400 张床的综合医院，其建筑面积为 8000m^2。

A 床位在 500 张以上的综合医院，由于检查器械等设备的大型化、多样化、医院的单间化、共用区域大型化等与时俱进的变化，每张床位的建筑面积也在变大，平均是 85m^2/床。设问中，8000m^2/400 床 =20m^2/床，明显不足（答案错误）。

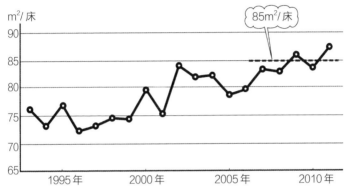

引用日本医疗福利建筑协会的数据

医院规模在变大呀!

12

医院

Q 医院整体的建筑面积中，住院部占楼板面积的 60%~70%。

A 因为还有诊疗部（门诊、中央）、服务部、管理部，所以<u>住院部约占 40%</u>（答案错误）。

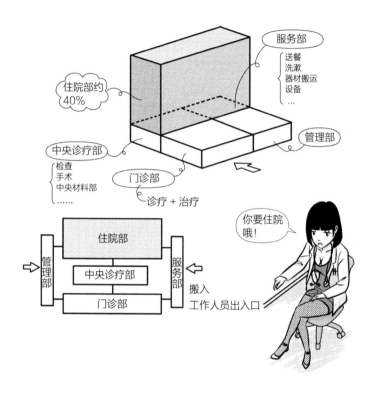

答案 ▶ 错误

Q 普通病房的照明全部采用间接照明。

A 如果患者眼睛上方是<u>直接照明</u>，会导致光线晃眼而使患者无法入睡。如图所示，直接照明的位置远离患者眼睛，用帘幕隔开，或在眼睛上方位置用<u>间接照明</u>代替（答案正确）。

直接照明

如果不关灯，
则无法入睡

改变直接照明的
位置

间接照明

12

医
院

答案 ▶ 正确

Q 1个护理单元包含的病床数，儿科比内科要多。

A 护士、药剂师、物理治疗师等组成团队，负责一定数量的患者。负责患者的1个病区构成护理单元。1个护理单元包含的病床数，内科、外科是 40~50 张，妇产科、小儿科是 30 张左右（答案错误）。

儿童较费事哦!

因无法每天更换护士帽，有很多医院因为觉得不卫生而废止。

40~50 张床

30 张床

1 个护理单元

内科、外科：40 ~ 50 张床

妇产科、小儿科：30 张床左右

Q 为了不让无关人员进入，将护士站设置在远离楼梯、升降电梯的
位置。

....

A 护士站设置在升降电梯、楼梯附近，能够监视、监督出入病房的
人的位置（答案错误）。

设置在升降电梯的附近、病房区的中心，能
够监视人员出入情况和整个病房区的位置

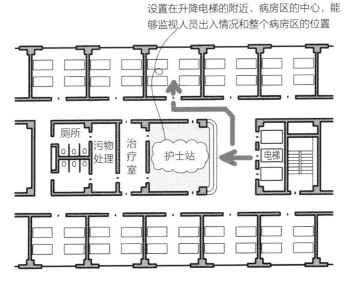

12

医
院

护士是中
心哦！

....

答案 ▶ 错误

Q 新生儿室与护士站相邻的同时，还要能够从楼道透过玻璃看到室内。

A 新生儿室与护士站相邻，而且为了预防感染并便于照看，用透明玻璃做隔断。另外，为了从楼道也能看到新生儿，与楼道的隔断也使用透明玻璃（答案正确）。

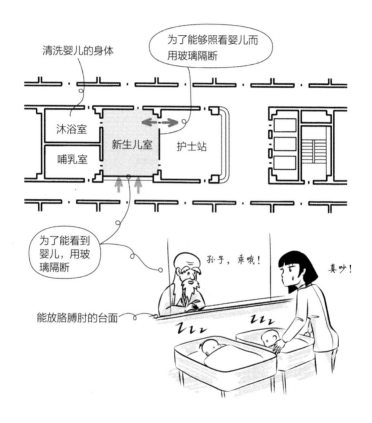

答案 ▶ 正确

Q 休息室是让住院患者放松，与探病客人会面、谈话的房间。

A 休息室（day room，直译是白天的房间），是指医院、学校的谈话室、娱乐室。在医院中，休息室是让患者放松，与探病客人会面、用餐的空间（答案正确），一般设置在入口、升降电梯、护士站附近。

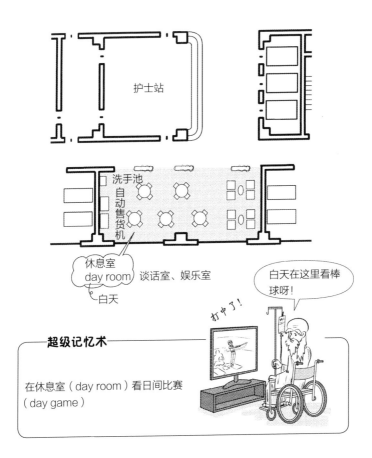

护士站

洗手池
自动售货机

休息室
day room　谈话室、娱乐室
白天

白天在这里看棒球呀！

超级记忆术

在休息室（day room）看日间比赛（day game）

12

医院

Q 综合医院的中央诊疗部设置在门诊部和住院部之间，方便两者联络的位置。

....

A 中央诊疗部是将检查部、放射部、手术部、妇产部、中央材料部（供应中心）、药房、输血部、康复部等各科共同的机能集中起来的诊疗部，适合设置在门诊部与住院部都方便联络的位置（答案正确）。

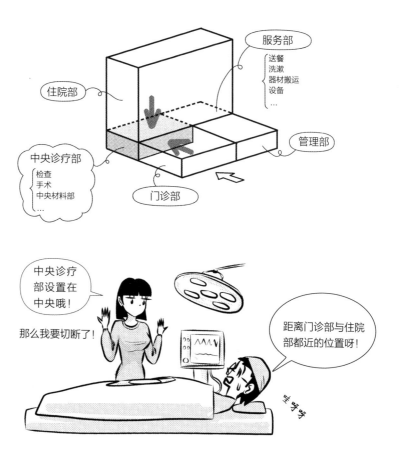

答案 ▶ 正确

Q 手术部尽量与外科病房设置在同一层，一般设置在中央诊疗部的顶层。

A 手术部与外科病房、放射部、重症监护室（ICU）、中央材料部等关联性很强的科室相邻设置（答案正确）。

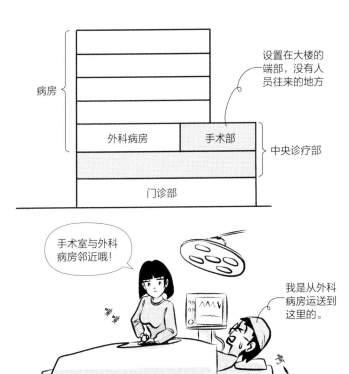

设置在大楼的端部，没有人员往来的地方

病房

外科病房　手术部

中央诊疗部

门诊部

手术室与外科病房邻近哦！

我是从外科病房运送到这里的。

12

医院

Q 中央材料部设置在方便与手术室联系的位置。

A 负责手术用、病房用的手术刀、剪刀、钩子、镊子、注射器等医疗器具、医疗用品的保管、清洗、消毒、灭菌、维护、采购、废弃物处理等的是<u>中央材料部</u>（供应中心，简称"中材"），设置在手术室附近（答案正确）。

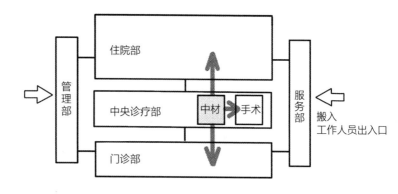

Q 医院的手术室设置前室，前室的出入口设置自动门。

....

A 为了避免细菌的侵入而设置前室，设置自动门是为了不让手触碰门（答案正确）。为避免在有人通过的时候自动开闭，一般设置用脚操作的脚踏开关。

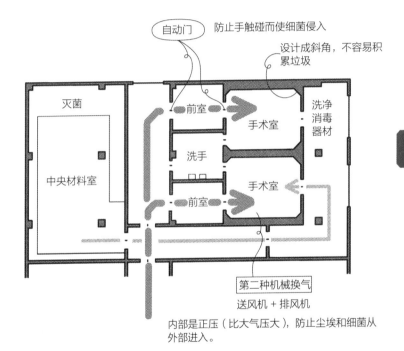

自动门 ── 防止手触碰而使细菌侵入

设计成斜角，不容易积累垃圾

灭菌

前室 → 手术室

洗净消毒器材

中央材料室

洗手

前室 → 手术室

第二种机械换气
送风机 + 排风机

内部是正压（比大气压大），防止尘埃和细菌从外部进入。

12

医院

....

Q 在医院中，诊疗室与治疗室相邻设置。

A 为了医生诊断后能直接对患者进行处理、治疗，诊疗室与治疗室相邻设置（答案正确）。

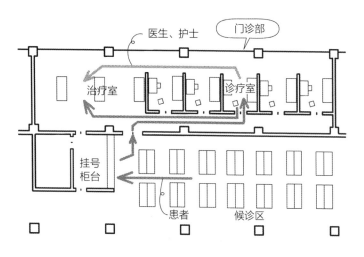

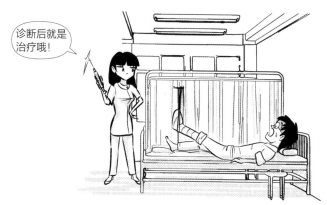

答案 ▶ 正确

Q 医院楼道的防撞护墙扶手的下端高度为 1m。

A 为了防止担架碰伤墙壁，在墙壁上设置防撞扶手。担架的高度约为 75cm，故防撞护墙扶手高度是 70~90cm（答案错误）。

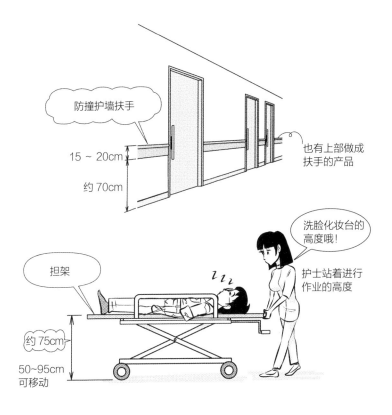

Q **1.** Ｘ光室的地板使用具有导电性的材料铺设。

　　2. Ｘ光室使用铅板等遮蔽Ｘ射线。

　　3. 在诊疗所中，Ｘ光室设置在诊疗室和治疗室附近。

A Ｘ光设备使用强电流，有触电的危险，地板应采用电气绝缘材料（１错误）。另外，为了遮蔽Ｘ射线，必须采用铅板、混凝土包围室内墙壁（２正确）。诊疗所中Ｘ光室的位置如图所示，要设置在诊疗室、治疗室附近，这样动线短，使用方便（３正确）。

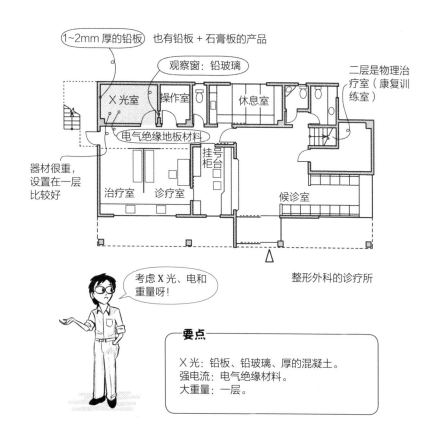

整形外科的诊疗所

要点

Ｘ光：铅板、铅玻璃、厚的混凝土。
强电流：电气绝缘材料。
大重量：一层。

Q 展示日本画的墙面的照度是 500~750lx。

A 由于日本画容易受损，因此展示墙面的照度是 150~300lx（答案错误）。

东山魁夷馆（1990 年，日本长野县，谷口吉生）

东山魁夷馆是一座与东山魁夷简约画作融为一体，具有单纯明快的时尚设计风格的美术馆。它位于善光寺的旁边，读者去长野县的时候请一定参观一下。美术馆建筑内部的设计复杂，导致既不便于展示画作，也不便于观众欣赏，令人非常遗憾。

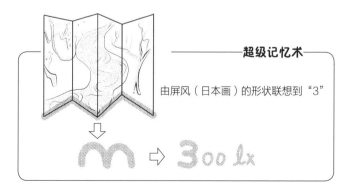

超级记忆术

由屏风（日本画）的形状联想到"3"

译注：单位面积上所接受可见光的光通量称为照度，单位是 lx。

13

美术馆和博物馆

Q 1. 展示西洋画的墙面，照度是 400lx。

     2. 美术馆展览室的规划中，利用自然采光，为了弥补光量不足，采用高演色性荧光灯来照明。

A 展示墙面的照度，日本画是 150~300lx，西洋画是 300~750lx（1正确）。实际上，为了保护画作，很多时候都是一直采用低照度进行展示的。请记住日本画要求照度最高是 300lx，西洋画要求照度最低是 300lx 吧。为了能让观赏者看清楚画的颜色，采用自然采光或高演色性的白光照明器具（2正确）。

拉罗歇 - 让纳雷别墅的工作室（1923 年，巴黎，勒·柯布西耶）

● 勒·柯布西耶在 19 世纪 20 年代设计的白色住宅，能够使人从绘画工作室的高窗、挑高、环顾四周的观赏路线等每一处细节看出建筑师在设计上下了很大的功夫。

答案 ▶ **1.** 正确   **2.** 正确

Q 巴黎的橘园美术馆是由橘树温室改建的印象派美术馆。

A 橘园美术馆（Musée de l'Orangerie）是在旧的橘树温室中放入钢筋混凝土结构的箱型建筑结构，是主要收藏印象派作品的美术馆。特别是在椭圆形的房间中设置天窗，展示莫奈作品《睡莲》的房间被巨大的《睡莲》画作所围绕，形成了独特的展示空间（答案正确）。

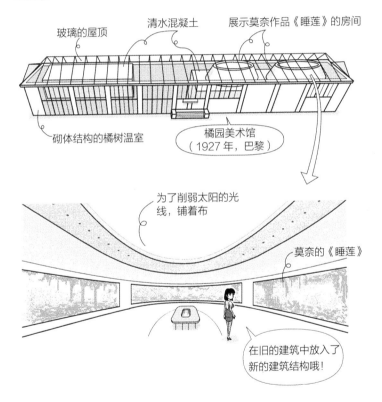

玻璃的屋顶

清水混凝土

展示莫奈作品《睡莲》的房间

砌体结构的橘树温室

橘园美术馆
（1927 年，巴黎）

为了削弱太阳的光线，铺着布

莫奈的《睡莲》

在旧的建筑中放入了新的建筑结构哦！

13

美术馆和博物馆

答案 ▶ 正确

Q 巴黎的奥塞美术馆是由火车站改建的，是主要收藏印象派作品的美术馆。

....

A 由奥塞车站改建成的奥塞美术馆（Musée d'Orsay），是将展览室配置在中央有天窗的巨大空间周围的建筑结构（答案正确）。

巴黎的奥塞车站 → 奥塞美术馆
（1900 年）　　（1986 年）

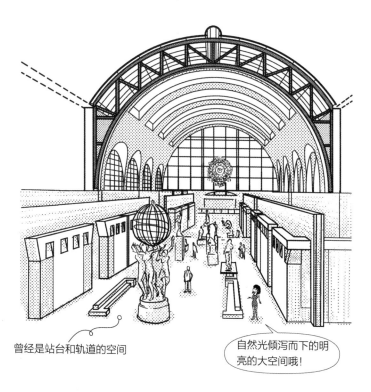

曾经是站台和轨道的空间

自然光倾泻而下的明亮的大空间哦！

● 沉稳外观的内部是明亮的大空间，将绘画史上华丽时代的绘画作品聚在一起，是笔者最喜欢的美术馆。从外观上看，大钟的内侧是咖啡厅，从咖啡厅能够越过时钟观赏塞纳河和卢浮宫美术馆，这是笔者非常喜欢的地方。

....

答案 ▶ 正确

Q 巴黎卢浮宫美术馆的玻璃金字塔及其地下建筑物，是 U 字形的旧王宫改建而成的，将前往美术馆的动线做了简洁清晰的规划。

....

A 由多栋建筑物构成的巨大的卢浮宫美术馆（Musée du Louvre），曾经出现了入口过多的情况。通过国际比赛入选的贝聿铭的规划，将入口从中央的玻璃金字塔向下移动，让游客从地下通道进入各栋建筑物。不仅使动线变得简单明快，也使玻璃金字塔在不破坏周围环境的前提下得到了自我主张（答案正确）。

中世纪的要塞→近代的宫殿→ 1793 年美术馆→ 1989 年玻璃金字塔等的改建

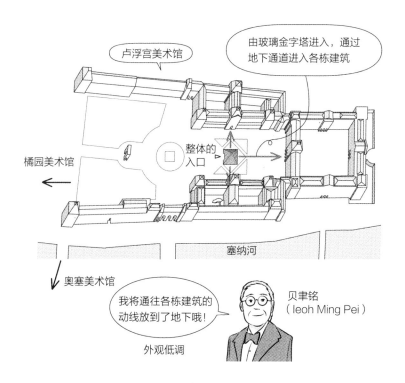

卢浮宫美术馆

由玻璃金字塔进入，通过地下通道进入各栋建筑

整体的入口

橘园美术馆

塞纳河

奥塞美术馆

我将通往各栋建筑的动线放到了地下哦！

贝聿铭（Ieoh Ming Pei）

外观低调

13

美术馆和博物馆

....

答案 ▶ 正确

Q 位于意大利维罗纳的古堡美术馆是由历史建筑物——市政厅改建而成的市立美术馆。

....

A 古堡美术馆（Museo di Castelvecchio）由中世纪的古堡改建而成，设计师是卡洛·斯卡帕（Carlo Scarpa）（答案错误）。古堡美术馆用金属、石材等坚硬的材料打造美丽的细部，展现鲜明的设计。

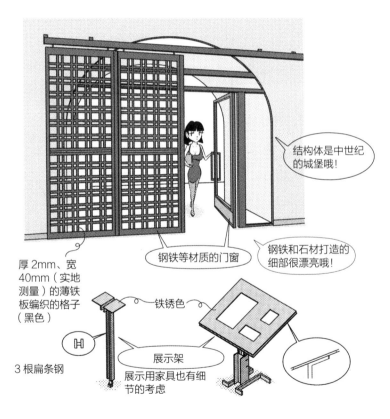

中世纪的古老城堡

↓

古堡美术馆
（1964 年，由卡洛·斯卡帕设计改建）

结构体是中世纪的城堡哦！

钢铁等材质的门窗

钢铁和石材打造的细部很漂亮哦！

厚 2mm、宽 40mm（实地测量）的薄铁板编织的格子（黑色）

铁锈色

3 根扁条钢

展示架

展示用家具也有细节的考虑

....

答案 ▶ 错误

Q 伦敦的泰特现代美术馆是由第二次世界大战后建造的由火力发电站改建而成的现代艺术美术馆。

A 由废弃的发电站改建成的泰特现代美术馆（Tate Modern），是使用了原来放置发电机的大空间的极具魅力的近现代艺术美术馆（答案正确）。美术馆通过泰晤士河上的千禧桥与圣保罗大教堂相连，是开发较晚的泰晤士河南岸的景点。橘园美术馆、奥塞美术馆、卢浮宫美术馆、古堡美术馆、泰特现代美术馆、路易斯安那现代艺术博物馆（哥本哈根北郊）都是在老旧的建筑物上加以创意进行增建和改建的美术馆，它们拥有由一位建筑师建造的建筑物所没有的独特魅力。

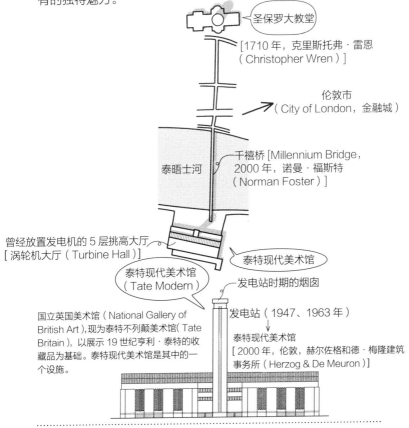

圣保罗大教堂

[1710 年，克里斯托弗·雷恩（Christopher Wren）]

伦敦市（City of London，金融城）

泰晤士河

千禧桥 [Millennium Bridge，2000 年，诺曼·福斯特（Norman Foster）]

曾经放置发电机的 5 层挑高大厅 [涡轮机大厅（Turbine Hall）]

泰特现代美术馆

泰特现代美术馆（Tate Modern）

发电站时期的烟囱

国立英国美术馆（National Gallery of British Art），现为泰特不列颠美术馆（Tate Britain），以展示 19 世纪亨利·泰特的收藏品为基础。泰特现代美术馆是其中的一个设施。

发电站（1947、1963 年）

泰特现代美术馆 [2000 年，伦敦，赫尔佐格和德·梅隆建筑事务所（Herzog & De Meuron）]

答案 ▶ 正确

Q 对于小型展览室，为了不发生来馆者逆行或交叉的情况，采用单向的动线规划。

A 如图所示，小型展览室按照一笔画出的单向动线配置展板（答案正确）。在整个美术馆中，到处都设有近路、小道、休息场所，让来馆者能够自由行动。

● 将建筑物分散布置成回游式，动线有可能是单向的。丹麦哥本哈根北部的路易斯安那现代艺术博物馆（1958—1998 年），在平面图上是冗长的单向通行，但建筑与周围的自然和村落融为一体的设计非常优秀。距离访问已经过去 30 多年了，但笔者至今仍心存感动。

答案 ▶ 正确

Q 美国纽约的古根海姆美术馆是乘电梯到最上层后，一边沿着螺旋状的坡道向下，一边欣赏画作的动线规划。

A 古根海姆美术馆（Guggenheim Museum）是一边沿着坡道向下，一边欣赏作品的单向动线规划（答案正确）。挑高在观赏者的身后，站在坡道上欣赏画作无法使人静下心来，而且动线是单向的，没有选择余地，是具有强制性的空间。然而，天窗洒落光线的中央挑高空间，不管拜访多少次都是精华部分。

古根海姆美术馆（1959 年，纽约，
弗兰克・劳埃德・赖特）

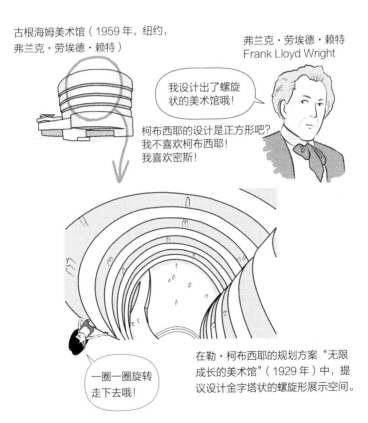

弗兰克・劳埃德・赖特
Frank Lloyd Wright

我设计出了螺旋状的美术馆哦！

柯布西耶的设计是正方形吧？
我不喜欢柯布西耶！
我喜欢密斯！

一圈一圈旋转
走下去哦！

在勒・柯布西耶的规划方案"无限成长的美术馆"（1929 年）中，提议设计金字塔状的螺旋形展示空间。

Q 不将老年人、残疾人等使用的设施与社区隔离开，而是与健康人
彼此互助共同生活，实现正常社会的理念，称为"正常化"。

....

A 不是隔离，而是向社区开放，大家彼此互助生活的是正常社会，
这种正常称为<u>正常化</u>（答案正确）。这个理念源自丹麦的残疾人
设施改善运动。将高龄者的设施向社区开放的规划就是考虑正常
化的做法。

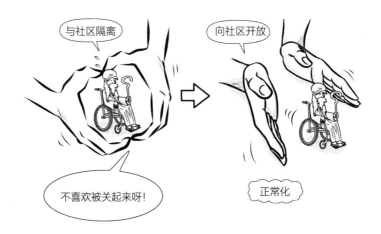

答案 ▶ 正确

Q 特别养护养老院是为不需要随时照护，但无法在家里获得照护的高龄者所设置的设施。

A 在日本，<u>特别养护养老院是为需要照护程度较高，在家照护困难的65 岁以上者所设置的设施</u>。因为需要随时照护，所以答案是错误的。

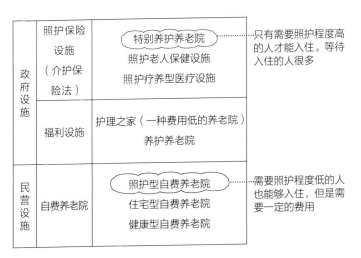

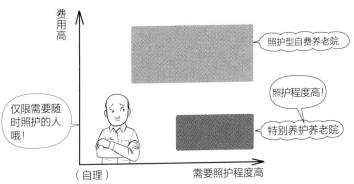

- 上表的政府、民营是大概的划分，还有接受政府补助的民营特别养护养老院、政府经营的团体家屋、日间照护（参见 R254）等。

14

社会福利设施

Q 照护老人保健设施是为不需要住院治疗，但需要接受能返家生活的机能训练、照护、护理的高龄者所设置的设施。

A 照护老人保健设施是为病情稳定，无需入院，但在医疗管理下进行照护、康复训练等，以回家生活为目标的高龄者所设置的设施（答案正确）。

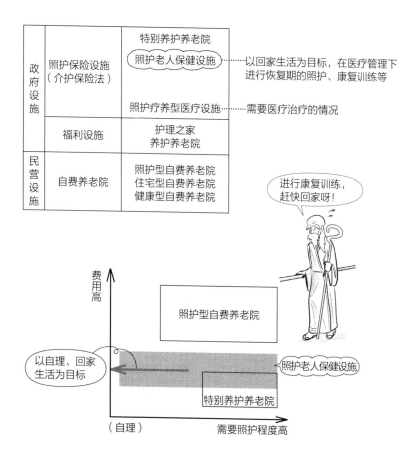

政府设施	照护保险设施 （介护保险法）	特别养护养老院
		照护老人保健设施 ……… 以回家生活为目标，在医疗管理下 进行恢复期的照护、康复训练等
		照护疗养型医疗设施 …… 需要医疗治疗的情况
	福利设施	护理之家 养护养老院
民营设施	自费养老院	照护型自费养老院 住宅型自费养老院 健康型自费养老院

进行康复训练，
赶快回家呀！

费用高

照护型自费养老院

以自理、回家
生活为目标

照护老人保健设施

特别养护养老院

（自理）　　　　需要照护程度高

Q 护理之家是为难以获得家人协助的高龄者提供日常生活中必要的服务，同时由其自理生活所设置的设施。

A <u>护理之家</u>是为需要照护程度低的高龄者接受饮食、洗澡等服务，同时自理生活所设置的设施（答案正确）。

政府设施	照护保险设施 （介护保险法）	特别养护养老院 照护老人保健设施 照护疗养型医疗设施
	福利设施	护理之家 …… 一种费用低的养老院 协助饮食、洗澡等日常生活 养护养老院 …… 需要照护程度低的自理者
民营设施	自费养老院	照护型自费养老院 住宅型自费养老院 健康型自费养老院

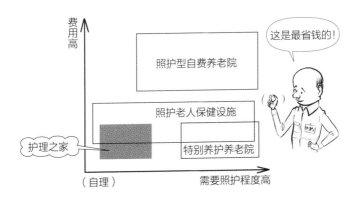

14

社会福利设施

Q 患阿尔茨海默病的高龄者团体家屋是为需要照护的患阿尔茨海默病的高龄者提供洗澡、饮食等照护，同时共同生活所设置的设施。

A（患阿尔茨海默病的高龄者）团体家屋是提供 5~9 名以下患阿尔茨海默病的高龄者共同生活的设施（答案正确）。

政府设施	照护保险设施（介护保险法）	特别养护养老院 照护老人保健设施 照护疗养型医疗设施
	福利设施	护理之家 养护养老院
民营设施	自费养老院	照护型自费养老院 住宅型自费养老院 健康型自费养老院
	其他	团体家屋 日间照护

……患阿尔茨海默病的高龄者以 1 组（5~9 人以下）为单位共同生活，也使用外部服务

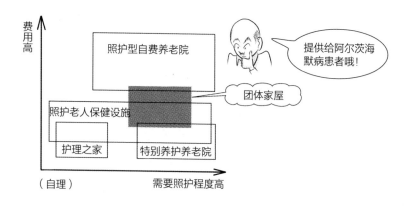

Q 老人日间照护中心是为在家接受照护的高龄者提供洗澡、饮食等照护，同时共同生活所设置的设施。

....

A（老人）日间照护中心（day serives center）的"日间"（day）与医院休息室（day room）具有一样的"日间"的意思，是只在白天前往接受照护的设施（答案正确）。

政府设施	照护保险设施（介护保险法）	特别养护养老院 照护老人保健设施 照护疗养型医疗设施
	福利设施	护理之家 养护养老院
民营设施	自费养老院	照护型自费养老院 住宅型自费养老院 健康型自费养老院
	其他	团体家屋 日间照护

只在白天接受饮食、洗澡、康复训练等照护

费用高

照护型自费养老院

团体家屋

照护老人保健设施

护理之家　特别养护养老院

（自理）　　需要照护程度高

日间照护

不能住，所以便宜！

....

答案 ▶ 正确

Q 在 2000~2500 户的住宅区规划中：
1. 住宅区的周围用干线道路划分。
2. 在住宅区的中心位置配置一所小学。

A 2000~2500 户的住宅区称为<u>邻里单位</u>。用车流量多的干线道路进行划分，在其中央附近配置小学。在车流量少的住宅区内，让孩子走路上下学（1、2 均正确）。

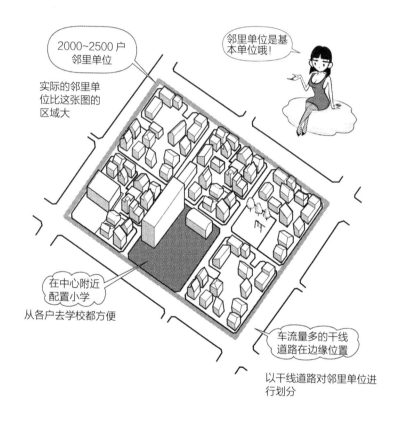

2000~2500 户
邻里单位

实际的邻里单位比这张图的区域大

邻里单位是基本单位哦！

在中心附近配置小学
从各户去学校都方便

车流量多的干线道路在边缘位置

以干线道路对邻里单位进行划分

Q 在 2000~2500 户的住宅区规划中：
　1. 将住宅区总面积的约 10% 用作公园、运动场等游憩用地。
　2. 在住宅区周边的十字路口附近配置商业街和购物中心。

A 在邻里单位中，用地总面积的约 10% 用作公园，购物中心等配置在周边十字路口附近，提高生活便利性（1、2 均正确）。

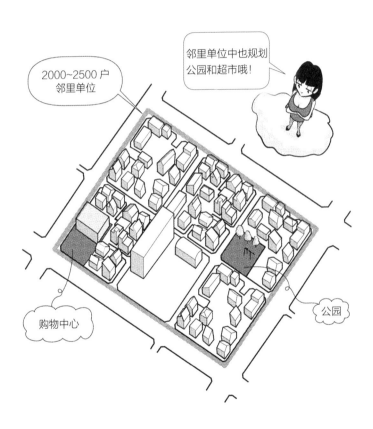

2000~2500 户
邻里单位

邻里单位中也规划
公园和超市哦！

购物中心

公园

15

城市规划

Q 在 400~500 户的住宅区规划中：
   1. 在住宅区的中心位置配置一所小学。
   2. 在住宅区的中心位置配置一所幼儿园。

A 400~500 户的住宅区称为邻里单位分区。每个邻里单位分区中有一所幼儿园是比较理想的。在每个邻里单位中配置一所小学（1 错误，2 正确）。请记住单位与单位分区的差异。

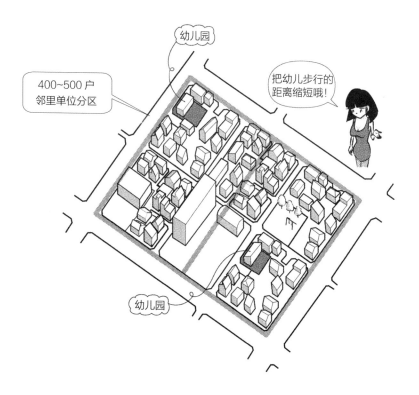

答案 ▶ **1.** 错误 **2.** 正确

Q 每 20~40 户的邻里小组，规划作为公共设施的儿童游乐设施。

....

A 20~40 户，邻里之间交往的单位，称为**邻里小组**。每个邻里小组中有小型的儿童游乐设施是比较理想的（答案正确）。下表是从邻里小组到地区所对应的教育设施、公园绿地设施，至少记住这些内容吧。

请记住以邻里单位为中心哦！

邻里之间交往的单位

项目	邻里小组 20~40 户	邻里单位分区 400~500 户	邻里单位 2000~2500 户	地区 10000~15000 户
教育设施	—	幼儿园	小学	初中、高中
公园绿地设施	儿童游乐设施	街区公园	邻里公园	地区公园

15

城市规划

....

答案 ▶ 正确

Q 千里新城、哈罗新城是根据邻里单位方式进行规划的。

A 邻里单位方式被哈罗新城（Harlow New Town，英国伦敦，1947 年—）、千里新城（日本大阪府，1958 年—）等大规模卫星城建设所采用（答案正确）。邻里单位是由美国社会学家克拉伦斯·佩里（Clarence Perry）于 1924 年提出的。

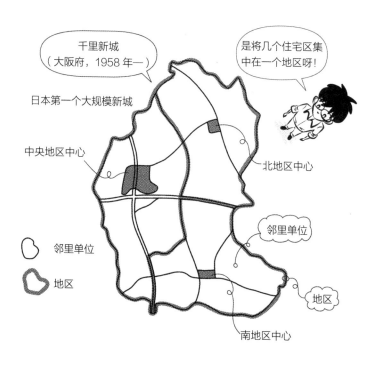

Q 高藏寺新城的规划放弃了邻里单位的构成，采用了单一中心式。

A 将邻里单位集中组成地区，每个地区设置中心的方式，缺点是整体同质化而变得单调。高藏寺新城（日本爱知县，1960 年—）的中心设置了大规模城镇中心，由此向周围延伸分布天桥廊，采用单一中心式（答案正确）。

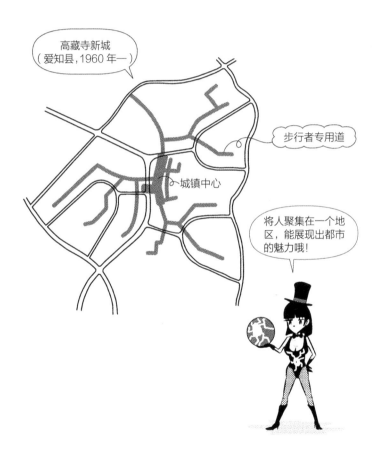

高藏寺新城
（爱知县，1960 年—）

步行者专用道

城镇中心

将人聚集在一个地区，能展现出都市的魅力哦！

15

城市规划

Q 天桥廊（pedestrian deck）是指为了实现人车分离，在车道的上方架起步行者专用道的立体化方式。

....

A pedes 是拉丁文"步行者"的意思，pedestrian 是英文"步行者"或"步行"的意思。deck 的原意是船的甲板，延伸为铺着地板的平台、从地面架高的地板状物体。<u>天桥廊是从车道上方架高的步行者专用道</u>。在日本，这种设计常用在从车站的闸机走到外面的地方（答案正确）。

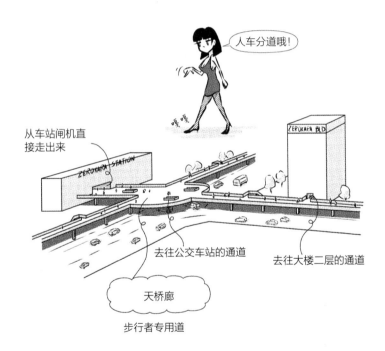

从车站闸机直接走出来

去往公交车站的通道

去往大楼二层的通道

天桥廊

步行者专用道

● 中国香港的街道也经常使用天桥廊。x 方向是车道和步行道，越过其上的 y 方向有很多条天桥廊，立体化动线趣味性十足。另外，新开发的地区也可以通过天桥廊前往各个地方。

....

答案 ▶ 正确

Q 尽端路（cul-de-sac）是为了防止车辆通行、有折返空间的死胡同。

....

A cul-de-sac 是法文"死胡同"的意思，尽端路是为了防止车辆通过，提高住宅区的安全性而建造的道路形式（答案正确）。

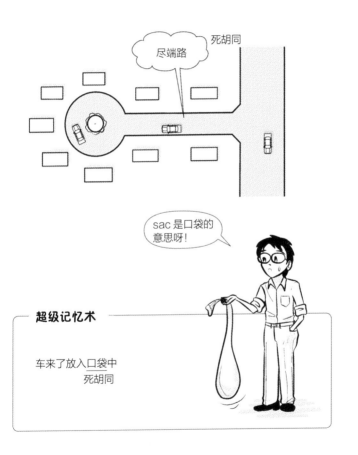

15

....

答案 ▶ 正确

Q 雷德朋系统（Radburn system）中，车辆从干线道路驶入尽端路后与各住户连通，步行者可以通过设置在住宅周围绿地中的步行者专用道去往学校和商店。

A 设置尽端路防止车辆通过，步行者通过绿地中的步行者专用道去往学校和商店的人车分道系统称为雷德朋系统（答案正确）。得名来自美国纽约近郊建成的新城雷德朋。

由克拉伦斯·斯坦（Clarence Stein）
和亨利·赖特（Henry Wright）设计

尽端路
（cul-de-sac）

雷德朋（Radburn）

步行者专用道
设置在绿地内

学校

环路（loop）

桥

人车分道哦！

嘀嘀

答案 ▶ 正确

Q **1.** 生活化道路（woonerf）是步行者与车辆分开的道路形式。

　　2. 减速带（hump）是在道路上设置的凹凸设施。

　　3. 减速弯道（chicane）是不让车辆直行，形成弯曲的车道。

....

A 在道路上设置 S 形减速弯道，或者安装减速带等让车辆减速，实现人车共存的是生活化道路（1 错误，2、3 正确）。woonerf 在荷兰语中是生活庭院的意思，延伸为道路不是车辆专用的，主要是为了让人使用。在空间狭窄的日本，比起雷德朋系统，生活之庭更为实用。

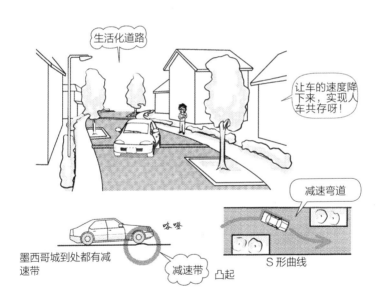

生活化道路

让车的速度降下来，实现人车共存呀！

墨西哥城到处都有减速带

哗嗒

减速带　凸起

减速弯道

S 形曲线

15

城市规划

....

Q 存车换乘（park and ride）是为了减少进入市中心的汽车数量，让车只能开到周边车站设置的停车场，再从车站利用公共交通工具向市中心移动的做法。

A 存车换乘是为了缓解城市交通拥挤，将车停在城市郊外的停车场，再换乘轨道交通、公共汽车等前往市中心的方式（答案正确）。巴黎的旧街区正在实行这样的方法来限制车辆进入，同时在重点地区配备公共自行车。

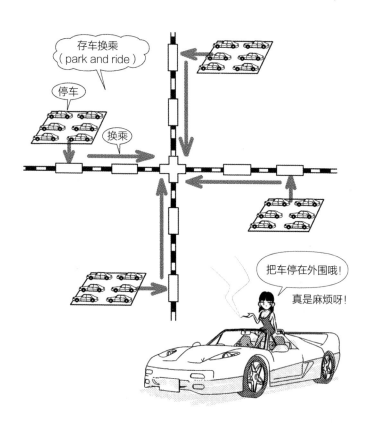

Q 公共运输专用道（transit mall）是步行道的一种形式，禁止普通
　汽车进入，作为路面电车和公共汽车等公共交通工具和步行者
　的空间。

....

A transit 是运输，mall 是步行道，transit mall 是有运输系统的步
　行道，或者称为<u>公共运输专用道</u>，是电车轨道、公交车道和步行
　道三者合为一体的道路（答案正确）。劳伦斯·哈普林（Lawrence
　Halprin）设计的尼科莱特购物中心（Nicolette mall，美国明尼
　阿波利斯市）是其中的代表作。

真是一条为人考虑的道路啊！

轨道铺在草地上

公共运输专用道
transit mall
有运输系统的步行道

LRT

LRT
light rail transit
轻轨交通

15

城市规划

....

答案 ▶ 正确

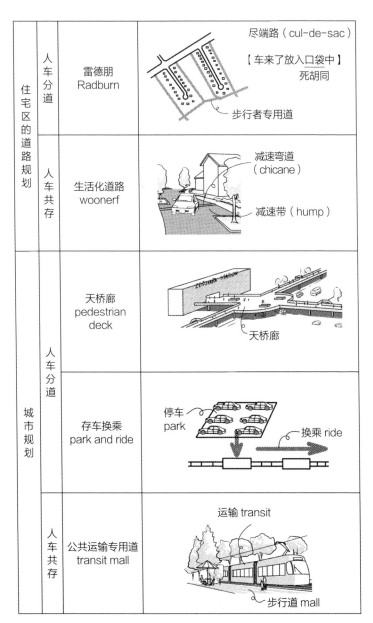

住宅区的道路规划	人车分道	雷德朋 Radburn	尽端路（cul-de-sac）【车来了放入口袋中】死胡同 步行者专用道
	人车共存	生活化道路 woonerf	减速弯道（chicane） 减速带（hump）
城市规划	人车分道	天桥廊 pedestrian deck	天桥廊
		存车换乘 park and ride	停车 park 换乘 ride
	人车共存	公共运输专用道 transit mall	运输 transit 步行道 mall

【　】内是超级记忆术

▼ 规划的概念	消除玄关的脱鞋处、门框的高低差等，消除障碍，谁都能够使用的设计称为（　）	无障碍设计 barrier free 消除障碍
	无视性别、年龄、种族、文化、残疾与否等差异，谁都能够使用的设计称为（　）	通用设计 universal design 适合众人的设计
	不将老年人、残疾人等设施与社区隔离开，而是与健康彼此互助共同生活，实现正常社会的理念称为（　）	正常化 normalization
▼ 尺寸、坡度	椅子的高度约为（　）cm 桌子的高度约为（　）cm	约40cm 约70cm
	轮椅的高度为（　）~（　）cm 床的高度为（　）~（　）cm 坐便器的高度为（　）~（　）cm 浴缸的高度为（　）~（　）cm	都是40~45cm 浴缸　坐便器　轮椅　床
	厨房水槽的高度约为（　）cm	约85cm

【　】内是超级记忆术

洗漱台的高度约为（　　）cm 并排的间距为（　　）cm 以上	约 75cm 75cm 以上  啪嗒 75cm
轮椅用厨房的水槽高度约为 （　　）cm	约 75cm （桌子的高度 + α）
膝盖能进入的空间： 高度约为（　　）cm 进深约为（　　）cm	约 60cm 约 45cm 60cm 45cm
收纳柜顶部高度约为 （　　）cm	约 150cm 150cm 75cm 60cm
轮椅用墙上开关的高度为 （　　）~（　　）cm	100~110cm （眼睛的高度） 100~110cm 视线 1.1m 1m

轮椅用墙上插座的高度约为（　）cm	约 40cm
椅子的座面： 宽度约为（　　　）cm 进深约为（　　　）cm	约 45cm 约 45cm
轮椅： 进深约为（　　）cm 以下 宽度约为（　　）cm 以下 高度约为（　　）cm 以下	120cm 以下 70cm 以下 109cm 以下
轮椅用出入口的宽度为（　）cm 以上	80cm 以上 【入 口⇨ 入 ⇨ 八〇 ⇨ 80cm 以上】

通过一台轮椅的楼道宽度为（　）cm 以上	90cm 以上 轮椅宽度 +10cm 出入口宽度 +10cm 通过一台轮椅的楼道宽度 70cm 以下 ⇨ 80cm 以上 ⇨ 90cm 以上 【入 ⬛】 八　〇
两台轮椅错行，楼道的宽度为（　）cm 以上	180cm 以上 1 台：90cm ➜ 2 台：90cm×2=180cm
腋拐使用者能够通过的楼道宽度约为（　）cm	约 120cm 松 ⇨ 12 ⇨ 12 120cm
轮椅旋转一周的直径： 用双轮为（　）cm 以上 用单轮为（　）cm 以上	150cm 以上 210cm 以上

轮椅能旋转 180° 的楼道宽度为（ ）cm 以上	140cm 以上
多功能厕所的大小为（ ）cm×（ ）cm 以上	（内部尺寸） 200cm×200cm 以上 【与护理者两个人能够使用的多功能厕所】 2m 见方 150cm
（在独栋住宅中） 带有护理陪同空间的厕所大小为（ ）cm×（ ）cm 以上	（内部尺寸） 140cm×140cm 以上
考虑轮椅使用的升降电梯的箱体尺寸为（ ）cm×（ ）cm 以上	宽度　进深 140cm×135cm 以上 升降电梯 【一同使用　ELV】 31V → 135cm

16

轮椅能够旋转, 升降电梯大厅的宽度为 ( ) cm 以上	150cm 以上
升降电梯的轮椅使用者操作按钮的高度为 ( ) ~ ( ) cm	100~110cm 视线 1.1m 1m
步行者用的坡道坡度为 ( ) 以下	$\frac{1}{8}$ 以下 1/8 【人用 ⇨ ⇨ 八/8】
轮椅者用的坡道坡度为 ( ) 以下	$\frac{1}{12}$ 以下 1/12 【一二、一二使用轮椅爬坡】 1/12

轮椅用坡道的坡段平台是每（　）cm 以下高度设置，坡段平台的长度为（　）cm 以上	75cm 以下 150cm 以上
汽车用坡道的坡度为（　）以下	$\frac{1}{6}$ 以下 【car ⇨ car ⇨ 1/6 以下】
自行车用坡道的坡度为（　）以下 （停车场中与楼梯并排设置时）	$\frac{1}{4}$ 以下
高龄者用楼梯的坡度为（　）以下 （　）cm ≤ 2R+T ≤ （　）cm	$\frac{6}{7}$ 以下 55cm ≤ 2R+T ≤ 65cm
自动扶梯的坡度为（　）以下	30° 以下
石板瓦屋顶的坡度为（　）以上	$\frac{3}{10}$ 以上

16

辅助身体用的扶手高度为 （　）~（　）cm 防止坠落的扶手高度为 （　）cm 以上	75~85cm 110cm 以上 75~85cm　110cm 以上
扶手直径为（　）~（　）cm 扶手与墙壁的间距为 （　）~（　）cm	3~4cm 4~5cm 4~5cm　3~4cm
西式厕所用 L 形扶手： 垂直方向长度约为（　）cm 水平方向长度约为（　）cm	约 80cm 约 60cm
轮椅使用者的玄关换鞋处的高差为（　）cm 以下	2cm 以下 高差　2cm 以下
高龄者使用的玄关地板框、出入口的高差为（　）cm 以下 踏板的大小： 进深为（　）cm 以上 宽度为（　）cm 以上	18cm 以下 18cm 以下 18cm 以下 30cm 以上 60cm 以上 60cm 以上　30cm 以上

停车空间的大小是，宽度（　）cm 以上 × 长约（　）cm	230cm 以上 × 约 600cm 约600cm / 230cm 以上
轮椅使用者的停车空间的宽度为（　）cm 以上	350cm 以上
轮椅用停车位数占停车场整体停车位数的（　）以上	$\frac{1}{50}$ 以上 $\frac{1}{50}$ 以上
停车场的面积为（　）~（　）m²/ 辆	30~50m²/ 辆
车道（双向通行）的宽度为（　）cm 以上	550cm 以上
车的内转弯半径为（　）cm 以上	500cm 以上
车道的梁下高度为（　）cm 以上	230cm 以上
停车场的出入口到交叉路口的距离为（　）m 以上	5m 以上

16

▼ 人均面积

题目	答案
摩托车的停车空间大小是，宽约（ ）cm× 进深约（ ）cm	约90cm× 约230cm
自行车的停车空间大小是，宽约（ ）cm× 进深约（ ）cm	约60cm× 约190cm b icy cle [b ig] 60cm× 190cm
普通病房（4人间）的面积为（ ）m²/床以上	（内部尺寸） 6.4m²/床以上
特别养护养老院专用房间的面积为（ ）m²/人以上	10.65m²/人以上
托儿所的育幼室的面积为（ ）m²/人以上	1.98m²/人以上
中小学普通教室的面积为（ ）~（ ）m²/人	1.2~2.0m²/人 【一、二年级学生需要两位老师】 1.2 ~ 2.0m²/人
图书馆阅览室的面积为（ ）~（ ）m²/人	1.6~3.0m²/人
办公室的面积为（ ）~（ ）m²/人	8~12m²/人 【6张榻榻米一间，一个人的办公室】 10 m²±2m²

会议室的面积为 （　）~（　）m²/人	2~5m²/人
剧场、电影院的观众席 面积为（　）~（　）m²/人	0.5~0.7m²/人
商务酒店的单人间的面 积为（　）~（　）m²	12~15m²
城市酒店的双人间的面 积约为（　）m²	约30m² 【单人间15m² ⇨ 双人间15m²×2=30m²】
城市酒店、度假酒店的 建筑面积约为（　）m²/间 商务酒店的建筑面积约 为（　）m²/间	约100m²/间 约50m²/间 【100%齐全的城市酒店】 100m²/间
城市酒店的宴会厅的面 积约为（　）m²/人	约2m²/人 （1.5~2.5m²/人） 【2个人的结婚仪式】 2m²/人左右　宴会厅
餐厅客席部分的面积约 为（　）m²/人	约1.5m²/人 （1~1.5m²/人） 【宴会厅＞餐厅】 （2m²/人）（1.5m²/人）

面
积
比

电影院、剧场只摆放椅子的面积约为（　）m²/人 餐厅、教室等摆放椅子＋桌子的面积约为（　）m²/人	约0.5m²/人　剧场、电影院 约1.5m²/人　宴会厅、餐厅 （1~3.0m²/人）教室、图书馆阅览室
$\dfrac{住宅的收纳空间}{房间面积}$ ＝（　）%	（15%~）20% ⇨2⇨20%
写字楼的出租容积率 （与标准层的比） ＝$\dfrac{收益部分的面积}{标准层面积}$ ＝（　）% 写字楼的出租容积率 （与总建筑面积的比） ＝$\dfrac{收益部分的面积}{总建筑面积}$ ＝（　）%	75%（~85%） （65%~）75%
$\dfrac{商务酒店的客房面积}{总建筑面积}$ ＝约（　）%以下	约75%以下
$\dfrac{城市酒店的客房面积}{总建筑面积}$ ＝约（　）%	约50%
$\dfrac{百货商店的卖场面积}{总建筑面积}$ ＝约（　）%	（50%~）60%
$\dfrac{超市的卖场面积}{总建筑面积}$ ＝约（　）%	60%（~65%）

▼ 住宅、集合住宅

$\dfrac{餐厅的厨房面积}{餐厅的面积}$ = 约（ ）%	约30%
$\dfrac{咖啡店的厨房面积}{咖啡店的面积}$ = 约（ ）%	15%（~20%）
$\dfrac{美术馆的展厅面积}{总建筑面积}$ = 约（ ）%	（30%~）50%
关于 B（卧室）、L（客厅）、D（餐厅）， 食寝分离：（ ）和（ ）分离 居寝分离：（ ）和（ ）分离 公私分离：（ ）和（ ）分离	D 和 B 分离 B 和 B 分离 LD 和 B 分离
将设备集中到一处，在其周围设置居室的平面规划称为（ ）	核心规划
拥有由建筑物或围墙所围出来的中庭空间的住宅称为（ ）	带中庭的住宅
进行烹饪以外的洗涤、熨烫、记账等家务的房间称为（ ）	工作间
晾晒用的庭院或中庭称为（ ）	多功能区
设计、施工的基本尺度称为（ ），勒·柯布西耶创造的基本尺度称为（ ）	模数（module） 模度（modulor）
各住户的土地相连，拥有专用庭院的连栋住宅称为（ ）	排屋 （栋割）长屋
接地型连栋住宅中，以共用庭院（共用空间）为中心配置住户的形式称为（ ）	市内住宅
共同住宅中，单侧设置楼道的楼道形式称为（ ）	单侧楼道型
共同住宅中，南侧设置楼道，由客厅侧进入的楼道形式称为（ ）	客厅出入型
共同住宅中，没有共用楼道，由楼梯间进入各住户的形式称为（ ）	楼梯间型
共同住宅中，每隔几层建造共用楼道，其上下楼层通过楼梯出入的形式称为（ ）	跃层型

16

背诵事项

共同住宅中,在中央设置楼道的楼道形式称为( )	中间楼道型
共同住宅中,在中央设置外部挑高,两侧配置楼道的楼道形式称为( )	双楼道型
共同住宅中,围绕中央的升降电梯和楼梯配置楼道的楼道形式称为( )	集中型
共同住宅中, 只有一层构成的住户形式称为( ) 两层以上构成的住户形式称为( )	平层型 复式公寓型
希望入住住宅的人集合起来成立合作社,协作进行设计、施工、管理的共同住宅称为( )	合作住宅
拥有共同厨房、共同食堂、共同洗漱室、共同育儿室等的共同住宅称为( )	集体住宅
结构体由专业人员制作,入住者设计装修、施工的共同住宅的供给方式称为( )	SI 工法
引入光线和空气的井状小型中庭称为( )	采光井、光庭
作为起居室的延长而建造出来的大型阳台称为( )	生活阳台
野生生物能够栖息的水域等称为( )	群落生境
在出租办公室中, 将楼层整体出租的是( ) 将楼层分割为几个区域进行出租的是( ) 将楼层分割成隔间进行出租的是( )	楼层出租 区域出租 隔间出租
设备集中放置的楼层称为( )	设备层
通过标准尺度决定柱子、墙壁、照明等配置的方法称为( )	模数化分割 模数协调

▼
办公室

在办公室的平面规划中， 位置：配置在中央的是（　） 靠近单边一侧的是（　） 分成两个且靠近短边两侧的是（　） 配置在外侧的是（　）	中央核心规划 偏心核心规划 双核心规划 分离核心规划
在中央核心、偏心核心中，从外墙到核心的进深为（　）m 左右	15m 左右
设置两层地板，将布线放入地板下的地板系统称为（　）	活动地板（OA 地板）
办公室的座位不固定、自由分配的方式，称为（　）	自由工位方式
桌子的摆放形式： 面向相同方向而坐的形式称为（　） 面对面而坐的形式称为（　） 交错摆放桌子且面对面而坐的形式称为（　）	并列式 对向式 交错式
相互不认识的人： 面对面的状态称为（　） 背对背的状态称为（　）	对面型 背对型
升降电梯的设置部数，是根据最高峰时间段中，（　）min 内的使用人数进行规划的	5min
当火灾发生时，消防队进入、灭火、引导避难时使用的升降电梯称为（　）	应急用升降电梯
将升降电梯按停留的楼层划分成组，称为（　）	升降电梯组
办公室的便器数量，每 100 人设置： 女性便器（　）个 男性便器 { 大（　）个 　　　　　 小（　）个	女性便器 5 个 男性便器 { 大 3 个 　　　　　 小 3 个
卫生间单间的大小约为 （　）cm×（　）cm	85cm×135cm
并排的洗手池的间隔为 （　）cm 以上	75cm 以上 75cm { 高度 　　　间距

剧场

面对观众时， 舞台的右侧称为（　　） 舞台的左侧称为（　　）	上场口 下场口 上场口　右侧　舞台　左侧　下场口
镜框式舞台台口宽度 L， 舞台的宽度是（　　）× L 以上 进深是（　　）× L 以上	$2L$ 以上 L 以上 $2L$ 以上　　L 以上　　L
镜框式舞台台口高度 H， 到栅顶（葡萄架）的高度 约为（　　）× H	约 $2.5H$ 吊杆升降区 台塔　栅顶（葡萄架）　约 $2.5H$　H
在框架式舞台中， 成为背景的大型幕是（　　） 上部的横向长幕是（　　） 两侧的纵向长幕是（　　） 可动的舞台镜框称为（　　）	天幕 横幕 侧幕 可动式台口

开敞式舞台的一种形式，舞台的一部分或整体向前突出，称为（　）	伸出式舞台
能变成各种舞台形式的舞台称为（　）	调整式舞台
维也纳音乐协会金色大厅是（　）式音乐厅 柏林爱乐音乐厅是（　）式音乐厅	鞋盒式音乐厅 梯田式音乐厅
在歌剧院中，从观众席最后一排座位到舞台中心的距离是（　）m 以下	38m 以下 38m 以下 马蹄形 【桑巴舞➪音乐演出】 38m
在以台词为主的剧场中，从观众席最后一排座位到舞台中心的距离是（　）m 以下	22m 以下 以人的台词为主 2 只脚 2 只脚 ➪22m
从观众席俯看舞台的俯角： 最好在（　）以下,（　）是极限	最好在 15° 以下 30° 是极限 30°　15°

从电影院观众席最前排中央到屏幕两端的水平角度最好在（ ）°以下	最好在 90°以下 
剧场的观众席座位： 宽度是（ ）cm以上 前后间隔是（ ）cm以上	45cm以上 80cm以上 ⎡ 椅子　膝盖 ⎤ ⎣ 45cm+35cm=80cm ⎦
剧场的观众席： 纵向通道宽度是（ ）cm以上 横向通道宽度是（ ）cm以上	80cm以上 100cm以上 （轮椅用） 最小出入口宽度　剧场内纵向通道　横向通道 [80cm] ⇨ [80cm以上] ⇨ [100cm以上] 由出入口宽度 联想通道宽度　　纵向 +α
混响时间是指声音停止后，声压级衰减到（ ）dB所需要的时间	60dB
剧场观众席的空间容积最好在（ ）m³/席以上	6m³/席以上
混响时间的公式： $T=（①）× \dfrac{（②）}{（③）×（④）}$	$T=比例系数 × \dfrac{V}{S×\bar{a}}（秒）$ ① 比例系数 ② V：空间容积 ③ S：表面积 ④ $\bar{a}$：平均吸声系数 V ⇨ $\dfrac{V}{S×\bar{a}}$ $S×\bar{a}$　地毯

商业设施	收银台的包装台的高度是 （　）~（　）cm	70 ~ 90cm
	酒店的升降电梯部数是 （　）~（　）间一部	100 ~ 200 间一部
幼儿园、托儿所、学校	幼儿用厕所的隔断或门的高度是 （　）~（　）cm	100 ~ 120cm
	托儿所的爬行室的面积是 （　）m^2/人以上	3.3m^2/人 育幼室是1.98m^2/人以上
	所有学科都在同一间教室中进行的是（　）型 特定学科在专用教室中进行的是（　）型 所有学科都在专用教室中进行的是（　）型 将班级分成两组，一组使用普通教室的时候，另一组使用特别教室的是（　）型	综合教室型 特别教室型 学科教室型 混合型
	小学容纳 42 人的教室的大小约为（　）m×（　）m	7m×9m

拥有两个篮球场的体育馆大小约为（　）m×（　）m 高度为（　）m 以上	约 45m×35m 8m 以上 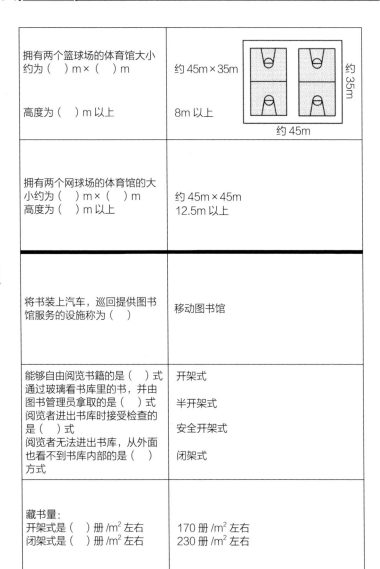
拥有两个网球场的体育馆的大小约为（　）m×（　）m 高度为（　）m 以上	约 45m×45m 12.5m 以上
将书装上汽车，巡回提供图书馆服务的设施称为（　）	移动图书馆
能够自由阅览书籍的是（　）式 通过玻璃看书库里的书，并由图书管理员拿取的是（　）式 阅览者进出书库时接受检查的是（　）式 阅览者无法进出书库，从外面也看不到书库内部的是（　）方式	开架式 半开架式 安全开架式 闭架式
藏书量： 开架式是（　）册 /m² 左右 闭架式是（　）册 /m² 左右	170 册 /m² 左右 230 册 /m² 左右

密集书架、积层式书架的藏书量是（ ）册/m² 左右	400 册 /m² 左右 　　开架式、闭架式　密集、积层式 　　（170 ~ 230） 约 200 册 /m² $\xrightarrow{\text{2 倍}}$ 约 400 册 /m²
开架式的单位建筑面积的藏书量是（ ）册/m² 左右	50 册 /m² 左右
带有隔断的供一人使用的阅览桌称为（ ）	卡式阅览桌
阅读图书馆的报纸、杂志的区域称为（ ）	阅览区
查询图书、资料的区域称为（ ）	资料检索区
通过报警声提醒有人将书本拿出馆外的安全系统称为（ ）	图书防盗系统（BDS）
用于检索资料的用户终端机称为（ ）	联机公共检索目录（OPAC）

16

医院、诊所

诊所是（ ）张床以下	9 张床以下
病床与病床之间的间距尺寸是（ ）~（ ）cm	100 ~ 140cm
500 张床以上的综合医院，一张床位的建筑面积约（ ）m²/ 床	约 85m²/ 床
住院部的面积占医院整体约（ ）%	约 40%
1 个护理单元的病床数： 内科、外科约（ ）~（ ）张床 妇产科、小儿科约（ ）张床	约 40 ~ 50 张床 约 30 张床
患者能轻松会客的房间称为（ ）	休息室
医院的功能分为 5 个部分， （ ）部 （ ）部 （ ）部 （ ）部 （ ）部	管理部、住院部、服务部、中央诊疗部、门诊部 （图示：住院部、管理部、中央诊疗部、中材、手术、门诊部、服务部、搬入、工作人员出入口）

294

美术馆	画作展示墙面的照度： 日本画为（ ）~（ ）lx 西洋画为（ ）~（ ）lx	150 ~ 300lx 300 ~ 750lx → 300lx
福利设施	只有需要照护程度高的人才能够入住的政府设施是（ ）养老院 需要照护程度低的人也能够入住的民营设施是（ ）养老院	特别养护养老院 照护型自费养老院
	在医疗管理下进行康复训练，以回家生活为目标的政府设施是（ ）设施	照护老人保健设施
	需要照护程度低的人接受饮食、洗澡等服务，同时自理生活的政府设施是（ ）	护理之家
	以5~9名患阿尔茨海默病的高龄者为单位共同生活的设施是（ ）	团体家屋
	只在白天前往接受饮食、洗澡、康复训练等服务的设施是（ ）	日间照护中心
城市规划	在每个（ ）设置一所小学 在每个（ ）设置一所幼儿园	邻里单位 （2000 ~ 2500 户） 邻里单位分区 （400 ~ 500 户）
	邻里单位方式在英国伦敦的（ ）、日本大阪府的（ ）进行了实践	哈罗新城 千里新城

16

背诵事项

不采用邻里单位，而采用单一中心式，作为日本名古屋市的卫星城开发的是（　）	高藏寺新城
在车道上方架高的立体化步行者专用道称为（　）	天桥廊（pedestrian deck）
为了防止车辆通行、有折返空间的死胡同称为（　）	尽端路 （cul-de-sac） 【车来了放入口袋中】 死胡同
车辆进入死胡同，步行者专用道设置在绿地中的人车分道系统称为（　）	雷德朋系统（Radburn system）
道路上设置的S形曲线，称为（　） 道路上设置的小凸起称为（　） 通过设置S形曲线和障碍，利用S形曲线和凸起降低车辆行驶速度的道路形式称为（　）	减速弯道（chicane） 减速带（hump） 生活化道路（woonerf）
将车停在周边车站的停车场，再从车站换乘公共交通工具的系统称为（　） 路面电车轨道、公交车道与步行道合为一体的道路称为（　）	存车换乘（park and ride） 公共运输专用道（transit mall）